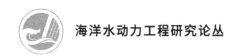
海洋水动力工程研究论丛

Technical Report of
Large Wave Flume in China
(2014—2017)

大比尺波浪水槽
科技报告（2014—2017）

陈汉宝　陈松贵　王颖奇　张华庆　金瑞佳　编著

人民交通出版社股份有限公司
China Communications Press Co.,Ltd.

内容提要

2014年7月,中国大比尺波浪水槽建成并投入使用,3年来共完成了十余项试验研究。本书选取了9项典型的研究工作及成果编辑成册,以使读者能够更加全面地了解大比尺波浪水槽的设备能力和研究方向,并希望更多的研究人员能够利用大比尺波浪水槽的独特优势,突破比尺效应的限制,做出更多原创性的研究成果。

本书适用于从事大比尺波浪水槽研究的科研人员和港口、海岸及近岸工程专业高校学生学习参考。

图书在版编目(CIP)数据

大比尺波浪水槽科技报告:2014—2017 / 陈汉宝
等编著. — 北京:人民交通出版社股份有限公司, 2019.12
ISBN 978-7-114-15630- 4

Ⅰ. ①大… Ⅱ. ①陈… Ⅲ. ①水槽—波浪模型试验—研究报告—中国—2014-2017 Ⅳ. ①TV139.2

中国版本图书馆 CIP 数据核字(2019)第 122941 号

海洋水动力工程研究论丛

书　　名:大比尺波浪水槽科技报告(2014—2017)
著 作 者:陈汉宝　陈松贵　王颖奇　张华庆　金瑞佳
责任编辑:崔　建
责任校对:张　贺
责任印制:张　凯
出版发行:人民交通出版社股份有限公司
地　　址:(100011)北京市朝阳区安定门外外馆斜街 3 号
网　　址:http://www.ccpress.com.cn
销售电话:(010)59757973
总 经 销:人民交通出版社股份有限公司发行部
经　　销:各地新华书店
印　　刷:北京虎彩文化传播有限公司
开　　本:720×960　1/16
印　　张:10
字　　数:165 千
版　　次:2019 年 12 月　第 1 版
印　　次:2019 年 12 月　第 1 次印刷
书　　号:ISBN 978-7-114-15630-4
定　　价:48.00 元
(有印刷、装订质量问题的图书由本公司负责调换)

编　委　会

著 作 者：陈汉宝　陈松贵　王颖奇　张华庆　金瑞佳

参与人员：王依娜　戈龙仔　刘　针　刘海源　张亚敬

　　　　　赵　鹏　胡　克　柳　叶　姜云鹏　耿宝磊

　　　　　徐亚男　彭　程

前　　言

　　水槽观沧海,扬帆搏巨浪。交通运输部天津水运工程科学研究院(以下简称天科院)大比尺波浪水槽自2014年建成以来,取得了丰硕的研究成果。天科院引进人才方面吸引了来自清华大学、大连理工大学、天津大学等国内知名高校的博士生前来工作,同时完成了多名硕士研究生和博士研究生的培养工作;科研项目方面完成了13项大比尺物理模型试验工作,与国内多家知名高校、科研院所建立了良好的合作关系,发表了多篇高水平学术论文,申请了多项发明专利以及软件著作权。与此同时,完成了接待讲解近100次,参观人数近1500人次,参观者对其纷纷赞不绝口,充分提高了大比尺波浪水槽在国内以及国际上的知名度,而且与国际知名大水槽研究机构德国汉诺威大学、日本港湾空港研究所等签订了合作备忘录,就共同筹建"国际大水槽联盟"达成一致意向,从而不断提高天科院大水槽的国际化水平;依托大比尺波浪水槽,我们与国内知名高校联合积极申报国家重点研发计划,国家自然科学基金等国家级基金项目。回顾大水槽建成这几年,取得的这些成就仅仅是一个开始,相信大比尺波浪水槽在大家的努力下,在国家、交通运输部、天科院的支持下,一定会取得更加突出的成绩,为我国"海洋强国"战略的实施提供有力的帮助。

作　者
2019 年 8 月

目　　录

1 概　　述

波浪是海岸和海洋工程中面临的最主要的环境因素。为了在实验室模拟更接近原态的波浪情况,不少发达国家相继建成大比尺波浪水槽在室内对波浪及其作用进行研究。目前日本、德国、美国、中国台湾等都有此类水槽,如图 1-1 所示。

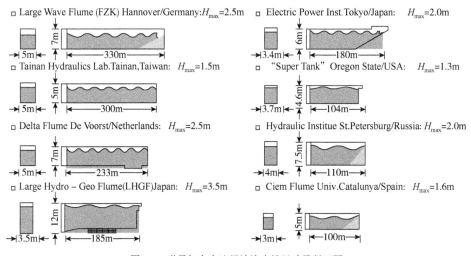

图 1-1　世界知名大比尺波浪水槽尺寸及断面图

交通部天津水运工程科学研究院(简称"天科院")于 2007 年 6 月开始开展大比尺波浪水槽的前期论证工作。2008 年 6 月 11 日在北京召开了"交通部天津水运工程科学研究院水运工程应用基础技术实验室建设"专家咨询会。会议邀请了8 位国内著名专家,专家一致认为该项目的建设是十分必要的、紧迫的。之后于 2008年 8 月委托中交水运规划设计院有限公司承担编制本项目的项目建议书。2014 年7 月,天科院大比尺波浪水槽建成并投入使用,是目前世界上造波能力最强、功能最齐全的大比尺波浪水槽,能进行 1∶5 到 1∶1 的大比尺模型试验,最大限度地消除比尺效应,还原更为真实的物理过程。

天科院大比尺波浪水槽设计总长度 456m, 宽 5m, 最深处达 12m 深, 如图 1-2 和图 1-3 所示。按波浪的形成、试验、消波等, 水槽分为造波区、试验区、消波区。其中试验段水槽深为 12m, 从底面开始设有 4m 高的铺沙坑, 标准试验水深为 5m, 从静水面到水槽顶端的高度为 3m。水槽采用半地下式, 露出地表的高度为 2m。

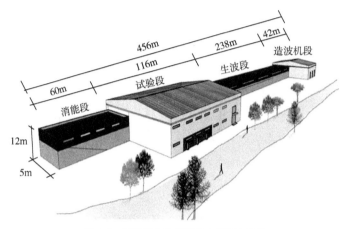

图 1-2　天科院大比尺波浪水槽基本参数

图 1-3　天科院大比尺波浪水槽实景图

大水槽造波装置采用活塞式造波板, 用电动机带动齿轮和齿条的驱动方式, 电动机采用交流伺服电机(260kW×6 台)。造波板的前后都注水, 采用背面平衡方式。造波板的中心位置采用可移动方式, 背面距离取波长的 1/4 左右。这样背面的水面只是上下移动, 造波板背面受力单纯, 受波能量影响较小。对于短周期的波浪来说, 由于所需造波能量不是很大, 允许背面造波, 但需设置消波装置。造波装置的最大冲程为±4m,采用位移控制,并且可以利用造波板前面的波高计所采集的波高信息,进行吸收式造波。

大水槽造波机设计造波板深11m,宽5m,可生成规则波和常见谱型的不规则波,其设计造波能力为规则波最大波高3.5m,波浪周期范围为2~10s。另外对于较长周期的海啸波、孤立波等可采用专门的控制程序实现。

大水槽环流装置由水泵、管路、廊道和控制设备组成。环流水路与水槽平行,长约100m,宽1.5m,高8.5m。其中水泵部分的宽度为2m。环流水路的中央,设置4台220kW的轴流可动翼式水泵。通过螺旋桨桨叶的倾斜角的变化来调节流量。正流方向最大流速为1m/s,流量为20m³/s,逆流方向的最大流速是正流方向的70%。进出水口经过试验验证采用底部出流方案,进出水口闸门的关闭采用油压式结构。

大水槽铺沙段位于水槽试验段部分,铺沙段长100m,沙层厚度为4m,铺沙段顶面距离水槽顶面为8m。沉沙坑位于水槽试验段后面,用于收集试验中水体所挟带的沙。铺沙段可以进行海洋地基冲刷、沙质地基液化等方面的模拟。

同时,大比尺波浪水槽配备了高精度波高传感器、大量程压力传感器、大量程六分力传感器、单点及剖面流速仪、水下高清摄像机、六分量位移传感器、三维地形扫描仪、越浪量自动测量仪等先进的测量仪器和设备。

天科院大比尺波浪水槽作为国际领先水平的水运工程基础理论研究设施,将建设成为适应水运交通现代化要求、配置先进、功能齐全、资源共享的水运工程科技创新平台,以及技术创新、重大技术突破、高层次人才培养和进行国际交流的基地。其应用前景主要包括如下几方面:

(1)突破比尺效应,进行基础理论研究,为数学模型、理论分析提供依据。

比尺效应产生于利用不同的相似准则模拟原体的过程。例如,由重力因素控制的波浪运动,在海岸工程中的比尺模型通常选择Froude准则,而其他作用力(包括摩擦力、弹性力、表面张力等)所满足的相似准则则不能兼顾,因此这些作用力的影响在模型中往往忽略,这种模型与原型的差异即为比尺效应。图1-4给出了波浪与结构物作用时各部分所需满足的相似准则以及比尺对不同相似准则的影响。从图中可以看出,随着比尺的增大,在重力相似的条件下,摩擦力、弹性力和表面张力的比尺都逐渐增大。利用大比尺波浪水槽,可以将模型的比尺控制在1:1~1:5的范围内,这样在重力相似的条件下,摩擦力、弹性力和表面张力的比尺的最大值分别为:1:11.2、1:5、1:25。控制模型比尺可最大限度地消除比尺效应的影响,从而得到更为真实的试验数据和试验现象,这些都可以为数学模型以及理论分析提供依据。

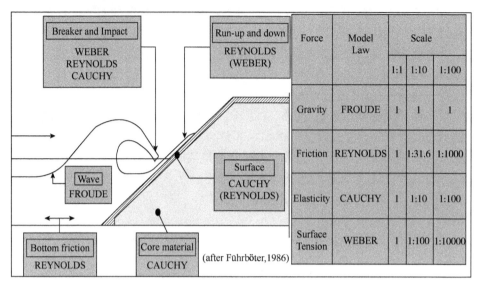

Force	Model Law	Scale		
		1:1	1:10	1:100
Gravity	FROUDE	1	1	1
Friction	REYNOLDS	1	1:31.6	1:1000
Elasticity	CAUCHY	1	1:10	1:100
Surface Tension	WEBER	1	1:100	1:10000

图 1-4　比尺对不同相似准则的影响

（2）进行结构破坏性研究，为防波堤的破坏评估提供依据。

近年来频现的恶劣天气产生的极端波浪对海岸工程造成了极大的威胁，例如，2011 年台风"米雷"对烟台西港区部分护岸的破坏和台风"梅花"对大连福佳大化防潮堤的破坏（图 1-5）。借助大比尺波浪水槽，可在实验室对结构进行破坏性试验，检验块体、沉箱、胸墙等结构的稳定性，进一步根据不同结构的破坏形式分析破坏机理，从而为防波堤的破坏评估提供依据。

a)　　　　　　　　　　　　　　　　b)

图 1-5　台风对海岸结构的破坏

（3）进行海堤的越浪研究，为安全防护和防灾减灾提供依据。

在海洋波浪场中，防波堤不但受到波浪的冲击，在大浪作用下还会出现严重的越浪,往往造成巨大的经济损失,因此防波堤的越浪量不但是防波堤结构和断面设计的关键因素之一,也是衡量防波堤防浪效果以及评价堤后安全的重要参数。国外学者多采用大比尺波浪水槽进行接近原体的试验,检验越浪对防波堤结构及对人体的冲击作用。借助天科院大水槽进行海堤的越浪研究,确定不同的越浪标准,从而为港口码头及沿岸设施的安全防护和防灾减灾提供依据。

(4)进行泥沙问题研究,探讨运动机理,寻求减淤方法。

泥沙问题是海岸工程研究领域中较为复杂的问题之一,图1-6是国外大水槽进行的部分泥沙试验。泥沙模型试验中,除重力相似条件外,摩擦力相似、黏性力相似也会对泥沙的起动、输移、沉降产生影响,这些影响在小比尺的模型试验中会产生较为明显的比尺效应。例如,在动床冲淤验证试验中,水流结构及泥沙运动都不是严格相似的,另外输沙量比尺及河床变形时间比尺等目前尚无法正确计算,都要依靠验证试验来解决。借助大比尺波浪水槽,可以模拟接近原体的泥沙问题,从而探讨运动机理,寻求减淤方法。

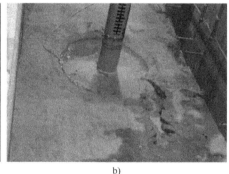

a)　　　　　　　　　　　　　　　　b)

图1-6　大水槽中进行的泥沙试验

(5)进行波浪与地基基础相互作用研究,探索地基失效引起的建筑物破坏机理与改善措施。

恶劣水文条件下,波浪对结构物的作用远超过正常天气条件,尤其在软土地基情况下,更容易发生结构与地基失稳。波浪作用下结构与地基特别是软土地基失稳机理的研究作为港口海岸工程学科的前沿课题,一直是各国学者和工程技术人员研究的热点和难点。利用大比尺波浪水槽铺沙段进行波浪与地基基础相互作用试验,是大比尺波浪水槽设计的主要功能之一。

天科院大比尺波浪水槽自建成以来,本着“开发共享、合作共赢”的理念,与清华大学、天津大学、河海大学、海军工程设计研究局、国家海洋局南海分局、中科院广东能源所等建立了良好的合作关系,开展了涉及远海珊瑚礁建设、波浪—结构物—地基耦合、浮体运动响应机理等 13 项试验工作,取得了丰硕的研究成果（表 1-1）。与此同时,天科院与国际知名大水槽研究机构德国汉诺威大学、日本港湾空港研究所等签订了合作备忘录,就共同筹建"国际大水槽联盟"达成一致意向,从而不断提高天科院大水槽的国际化水平。

天科院大水槽完成项目情况   表 1-1

时间	项目名称	合作单位	项目来源
2014	浮式防波堤消浪效果研究	单独承担	天科院基金
2014	波流作用下孤立建筑物周围局部冲刷研究	天津大学	国家自然科学基金
2015	恶劣水文条件下港口水工结构的破坏机理和设计参数优化研究	天津大学、中交一航院	交通运输部重大专项
2015	护岸稳定性与越浪量试验研究	海军工程设计研究局	项目研究
2015	岛缘陡变地形与极浅水波浪冲击作用机理研究	天津大学	天科院基金
2015	斜坡堤越浪标准和比尺效应研究	独立承担	国家自然科学基金
2016	基于大比尺水槽的波流边界层发育机制试验	河海大学	交通运输部科技基金
2016	网箱养殖设施大比尺波浪试验	福建水产研究所	福建省科学基金
2016	港湾突发性溢油应急及生态修复技术合作研发	天津理工大学	国家自然科学基金
2016	珊瑚礁建筑物波浪冲击特性与抗滑稳定性研究	独立承担	天科院基金
2017	验潮井稳定性试验研究	国家海洋局南海分局	工程项目
2017	波浪地震作用下安全性评估	海军工程设计研究局	科技部重点研发专项
2017	百千瓦海上可移动能源平台水动力及锚泊系统抗台风模型试验	中科院广州能源所	国家自然科学基金

大比尺波浪水槽的研究成果产生了重要的科学和社会效益。基于大比尺波浪水槽的波流边界层试验成功测量到了波流边界层的发育机制,对预测港珠澳大桥沉管基槽的泥沙淤积具有重要意义;恶劣水文条件下港口水工结构的破坏机理和设计参数优化研究成功复演了长江口半圆堤的破坏过程,揭示了波浪-结构-地基的非线性耦合机理;护岸稳定性研究、岛缘陡变地形与极浅水波浪冲击作用机理研究等项目的科研成果,有力地支撑了我国岛礁工程的设计与建设,对我国"海洋强国"战略的实施具有重要意义。

2 试 验 研 究

2.1 浮式防波堤物理模型试验

2.1.1 项目概况

本项目的研究成果将为莲花岛旅游综合项目的新型防浪结构(直立式透空堤或浮式防波堤)的设计提供直接依据。莲花岛旅游综合项目位于秦皇岛市海港区大汤河口南侧的近海海域,距离现有海岸线约 1000m。项目定位为世界级旅游度假岛。该项目填海区滩面高程约为 $-4 \sim -7$m,拟采用人工岛式围填海。围海面积约 87.18hm²,填海面积约 48.08hm²,透水构筑物面积约 56.86hm²(含跨海大桥),围填海面积合计约 214.08hm²(含防波堤);陆上总建筑面积为 149.6 万 m²;游艇泊位 648 个。本科研项目的实施为莲花岛旅游综合项目游艇泊位外侧防浪结构的选型、人工岛主体结构的选型提供参考。

①收集国内外有关浮式防波堤、透空式防波堤等结构的研究资料,为新型结构的设计做准备。通过天科院国际和国内大型检索系统继续搜集有关浮式建筑物、潜堤、透空式防波堤的资料,结合本课题的研究,对部分消浪的防波堤的发展现状与科研水平进行综述,设计出实用、环保、经济的结构形式,为后续试验做好准备。

②初步选择合适的新型防波堤结构形式。结合拟定的设计条件和根据几种防波堤的消能原理,针对工程实际初步选择防波堤形式。

③对初步选型的防波堤结构形式进行消能效果的分析,结合材料、施工可行性和造价进行技术可行性研究和经济合理性分析。

④最后形成成果:达到初步设计深度的新型防波堤结构设计图纸 1 套;专利 2 项;论文 4 篇。

2.1.2 模型设计与安装

根据大水槽结构尺寸,大水槽的宽度为 5m,可模拟水深为 5m。为尽量模拟实际波浪条件,模型几何比尺定为1:1。

浮式防波堤模型采用钢结构制作,浮箱高2.5m,宽4.8m,前压载箱宽2.3m,后压载箱宽1.1m,中消浪室宽1.1m,横向长度为4.5m,两端和水槽边壁各留25cm空隙。浮式防波堤采用3根φ300mm钢管桩定位,迎浪侧布置2根,背浪侧布置1根,钢管桩与浮箱间采用抱箍连接,浮箱可随水位变化升降。图2-1为浮式防波堤模型布置图,图2-2为模型实图。

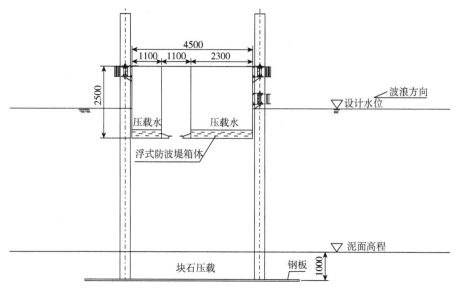

图2-1 浮式防波堤模型布置图(尺寸单位:mm)

图2-2 模型实图

2.1.3　试验过程

为了探明浮式防波堤透浪系数与浮式防波堤宽度和入水深度之间的关系,考虑两种不同水深,对浮式防波堤进行不同周期、不同波高作用时的消浪效果试验。模型试验的水深分别为5.06m和4.62m,代表浮式防波堤所处位置的不同设计水位对水深的影响。由于大比尺波浪水槽刚交付使用,对造波机性能没有十足的把握,所以试验过程中采用规则波。试验在没有结构物的情况下进行了率波,造波个数为20个,造波机的二次反射影响较小。试验波高为0.15~1.0m,周期为4~6s。试验波要素见表2-1。

试　验　波　要　素　　　　　　　　　　表 2-1

水　　位	周　　期		
	4s	5s	6s
高水位 5.06m	0.2、0.5、0.8、1.0	0.2、0.5、0.7、0.9	0.15、0.3、0.5、0.7
低水位 4.62m	0.2、0.5、0.8、1.0	0.2、0.5、0.7、0.9	0.15、0.3、0.5、0.7

2.1.4　主要研究成果

本次研究通过对国内外防浪结构进行深入研究后,选取透空式防波堤及浮式防波堤作为主要研究对象,并运用断面物理模型试验,观测波高、位移、波压力等试验现象与数据,通过分析对比,得到以下成果。

①梳式沉箱结构整体稳定性相对较好;单扶壁透空式结构整体稳定性差,容易发生滑移现象;双扶壁开孔沉箱方案,整体稳定性较差,需要填满扭王字块体以维持结构的稳定性。

②扶壁透空式防波堤的消浪性能较差,沉箱透空式防波堤和梳式防波堤的消浪性能较好。

③经综合考虑工程投资、施工条件及整体效果后,选用梳式防波堤结构并对其进行适当优化后可满足工程使用要求。

④本研究所提出的新型浮式防波堤采用介于单箱与双箱结构直接的复合结构,在提升消浪效果的同时有效避免了浮式防波堤自身连接极易损坏以及对锚泊要求高的缺点。

⑤通过物理试验结果可知:浮式防波堤的透射系数主要与浮式防波堤的相对入水深度、相对宽度等参数有关,通过选取合适的防波堤相对入水深度和相对宽度可有效降低透射系数。研究结果表明,本次提出的大型钢结构浮式防波堤具有良

好的消浪性能。周期小于 6s 时,该浮式防波堤的消浪效果良好,C_t 可达 0.5 以下。本研究工作可为新型浮式防波堤的工程实践提供理论参考,促进浮式防波堤在我国海岸工程中的应用。

2.2　极浅水波浪冲击作用机理研究

2.2.1　项目概况

近年来,随着海洋强国战略的推进,我国在远海珊瑚礁周围进行的工程活动日益增多,建设了诸如港口、机场、码头、灯塔、通信、气象等相关基础设施。对于上述工程的设计和实施,波浪是重要的海洋动力因素之一。与近岸的缓坡地形不同,珊瑚礁往往自深水中凸出,与周边深海形成明显水深差,距离珊瑚礁几百米左右,水深能够增大到数百米甚至上千米。波浪在这种陡变地形上的非线性作用十分强烈,岛礁防浪建筑物不可避免地会受到强烈的冲击作用,胸墙波浪力直接影响着防浪建筑物本身的结构安全。虽然我国现行《港口与航道水文规范》(JTS145—2015)给出了波浪破碎指标、防浪建筑物波浪爬高和胸墙波浪力计算公式,但其应用条件明确规定:"水底坡度 $i<1/10$;建筑物前水深 d 为 $(1.5\sim5.0)H$;建筑物前底坡 $i\leqslant1/50$。"珊瑚礁前坡 i 常为 1∶10~1∶0.5 的陡坡,可见不符合规范中的地形条件,规范不再适用。

对于波浪在珊瑚礁陡变地形上的传播变形规律研究,国内外许多学者开展了一定研究,其中水槽物理模型试验是最常用的研究手段。但常规的物理模型试验大多采用规则波,对于不规则波的研究还比较少见。同时,试验研究均采用自然岛礁,未考虑防浪堤等岛礁设施的影响。由于水槽尺度和模型比尺的限制,常规的小水槽往往只能模拟 20~30m 的礁前水深,波浪从上百米的深水区传播至礁盘周边几米的浅水区过程很难复演。因此,通过大比尺波浪水槽试验,能够模拟波浪从 100m 水深传播至礁盘极浅水区的复杂过程,给出不规则波在建有防浪堤的珊瑚礁陡变地形上的传播变形、波谱变化、波浪增水以及胸墙波浪力经验公式,探讨波高和周期等参数对礁坪上波浪水动力特性的影响。

2.2.2　模型设计与安装

模型试验平均波长为 23m,结构物与造波机间距 256m,大于 6 倍平均波长。

模型制作严格按照《波浪模型试验规程》(JTJ/T 234—2001)规定进行,各项偏差应严格控制在规定精度范围内。模型的制作主要包括平台制作和护岸断面制作两部分。

平台由方钢管焊接的桁架和铁板封板组成。桁架分四段焊接,如图2-3所示;为保证与原型地形一致,前坡分四段焊接,如图2-4所示。

图 2-3　方钢管桁架

图 2-4　平台前坡

待所有桁架焊接连接完成后,进行铁板封板。为模拟前坡糙率,借鉴荷兰 Delft 大水槽和美国俄勒冈大学大水槽的试验经验,采用 $5cm^3$ 方块加糙,梅花形布置,间距 8cm,如图2-5所示。根据 Raudkivi 等人的研究成果,等效的波浪摩阻系数约为 0.1。

图 2-5 平台前坡加糙

2.2.3 主要研究成果

2.2.3.1 珊瑚礁大比尺波浪水槽模拟方法

相关试验在天科院大比尺波浪水槽(图 2-6)中完成。水槽一端为推板式造波机,最大造波能力为 3.5m,造波周期为 2~10s。试验模型布置图如图 2-7 所示,主要包括深水区、陡坡区和平台区 3 部分。其中深水区水深 5m,陡坡坡度 1:2,平台上距礁盘边缘 15.2m 设有斜坡堤,斜坡堤基础顶高程 0.3m,胸墙顶高程 0.85m,底宽 0.5m,大浪时有越浪发生。陡坡坡脚距造波机距离 330m,能够模拟波浪从深水经过珊瑚礁陡变地形变形破碎,再至礁坪上传播的强非线性物理过程。

图 2-6 大比尺波浪水槽示意图

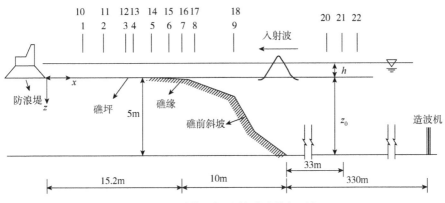

图 2-7 试验模型布置图与传感器布置图

试验时,采用电容式波高传感器记录不同位置的水位随时间变化过程。为保证试验准确性,在平台上方对称布置了两排传感器,编号为 1~9 和 10~18,量程 60cm,距水槽边壁 1.5m,两排传感器间距 2m。在深水处布置了 3 根传感器,编号 20~22,量程 2m,距水槽边壁 2.5m,距陡坡边缘 33m。所有电阻式传感器的精度均为千分之一。试验中,所有波高传感器通过数据采集系统同步测量,采样频率 50Hz,自波浪到达 19 号浪高仪时开始采集,每组波浪采集 130 个波。

胸墙波压力采用 CYG41000T 压力传感器进行测量,量程 ±2kPa,采样频率 100Hz,与浪高仪同步采集,如图 2-8 所示。分别在胸墙立面和底面布置一排压力传感器。试验时,选取压强值变化连续一段时间内的最大值时刻,各点压强取同一时刻值。

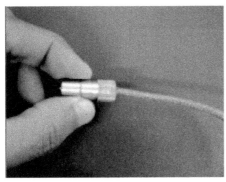

a)传感器

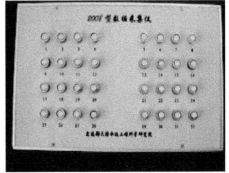

b)采集器

图 2-8 压力传感器与采集器

13

2.2.3.2　筑堤珊瑚礁上波浪传播变形规律

（1）波浪浅水变形系数

随着水深的减小，波长和波速逐渐减小，波高逐渐增大，当深度减小到一定程度时，便发生各种形式的波浪破碎。对于传统的缓坡地形，波高 H 在有限水深范围内会略有减小，进入浅水区后，则随水深的减小而迅速增大。试验中，根据不同波高仪测得的波高值，能够计算出不同位置处的浅水变形系数。图 2-9 给出了浅水变形系数与相对水深 d/L_0 的关系，其中 d 为水位值（$d=h+z$）。可以发现，陡变地形上的浅水变形系数与规范的计算结果存在显著的不同。首先，陡坡地形上的浅水变形系数比规范值要小，而在进行常规小水槽或水池试验时，由于水深的限制，往往只能模拟到 20m 以内的水深，因此在入射波浪的率定时，需要考虑 0.8~0.9 的浅水变形系数的影响，该成果与 Lugo-Fernández 等人现场实测的 19.5% 的波高衰减系数接近。其次，陡坡地形上的浅水变形系数在一定范围内随相对水深的减小而减小，和规范中其随相对水深减小而增大的趋势并不相同。第三，浅水变形系数并不是相对水深的单调函数，相对水深一致的条件下，绝对水深越浅，浅水变形系数越大。上述不同主要是由于在这种陡变的地形上，波浪与水底边界作用强烈，波浪的非线性影响十分显著，基于微幅波理论计算的浅水变形系数不再适用。

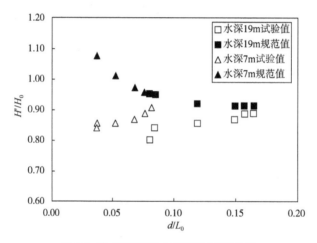

图 2-9　浅水变形系数 K_s 与相对水深的关系

（2）波浪沿程变化

波浪在礁盘不同位置的过程曲线如图 2-10 所示。可以发现：波浪传播至 9 号和 7 号波高仪时，水面过程线未发生明显变化；当波浪传播至 7 号波高仪左右时，波高会有所增加，平均水面线也会抬升；波浪在到达 6 号波高仪时已发生了破碎，波高会明显下降;随着波浪的进一步传播,波高会继续变小,但此时波浪破碎后的壅水效应十分显著,平均水位显著增加,尤其是传播至靠近防浪堤的 1 号波高仪时,自由液面会出现远大于 T_p 的长波波动。

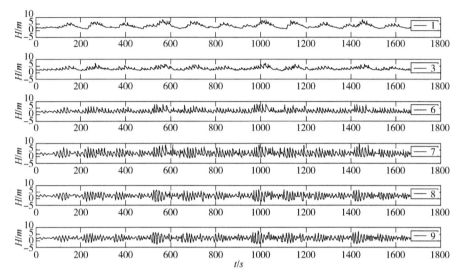

图 2-10　组次 M2 不同位置的波浪过程线

为进一步分析波浪的沿程变化,给出了上述组次不同位置的波谱,如图 2-11 所示。可以发现:首先,波浪从深水到有限水深的传播过程中(7~9 号波高仪),谱峰能量有所减小,这与波浪由于浅水变形波高变小的结果一致,但谱峰周期基本与入射波浪保持一致;随后,波浪在爬坡和破碎过程中会出现高频的谐波,而高频谐波会随着距离的传播迅速衰减,如图中方框内所示;最后,当波浪传播至浅水后(1~6 号波高仪),随着传播距离的增加,高频能量不断减小,能量会不断向低频转移($T_{p1} = 12.9 T_{p20}$),越靠近防浪墙,低频能量越大,进而表现出如图 2-11 所示的水位壅高值增大的现象。

一般认为,近岸低频波浪的产生主要是由于波浪破碎后波群中约束长波的释放,但这种约束长波的能量密度较小(如 Harris 等人在大堡礁实测数据,长波的波能密度只有入射波浪的 20%),不会达到本试验中观察到的长波量级。本试验中观测到的长波主要是由于防浪墙的设置对礁盘上的波浪传播产生了明显的阻水效应。正是这种阻水效应,使得波浪破碎后的波生流动能转化为水位壅高的势能,导致了防浪墙前沿的水位壅高及波动。研究发现长波波动的周期与波群的周期有着强烈的相关性。当波群中大波到达时,辐射应力大于静水压力,波浪破碎后会有向岸的净质量输移流,由于防浪墙的阻水效应,使得礁坪上的水体不断积累,水位持续壅高,静水压力增加直至与大波辐射应力平衡;而当波群中的小波到达时,辐射应力减小,礁坪上由于高水位较高,仍保持较大的静水压力,此时辐射应力小于静水压力,因此会出现离岸的净质量输移流,进而礁盘上水体减少,水位下降,直至静水压力与小波辐射应力平衡。

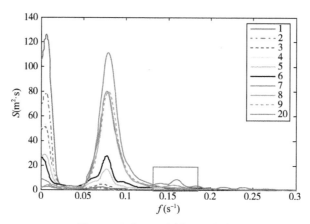

图 2-11 组次 M2 不同位置的波谱

（3）波浪增水

波浪的增水 η 定义如下:

$$\eta = mean(h_{long}) - h \tag{2-1}$$

其中,h_{long} 为长波的历时过程线;h 为静水位。从图 2-12 结果可知,所有的组次均是越靠近防浪堤,增水越明显。且随入射波高周期的增加,增水也增大。

另一方面,礁盘上波浪增水主要是由于辐射应力作用下,产生了向岸的净质量输移流,在防浪堤的阻挡下,引起了堤前水体增加,水位壅高。因此,相同地形下的水位壅高不仅与辐射应力大小有关,还与入射波浪的波能流有直接的关系。即

$$\eta = 0.374 S'_{xx0} \tag{2-2}$$

其中,$S'_{xx0} = \dfrac{S_{xx0}}{\rho g} = \dfrac{1}{16} H_0^2$。

以及

$$\eta = 0.19 P'_0 \tag{2-3}$$

其中,$P'_0 = \dfrac{P_0}{\rho g^2} = \dfrac{1}{32\pi} T_p H_0^2$。

也就是说,对于同样的位置,波浪增水与深水辐射应力和波能流之间均有比较好的线性关系,其中主要是受波浪辐射应力的影响更大,即与入射波高的平方成正比。

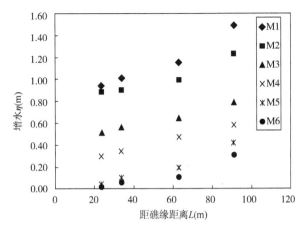

图 2-12　不同组次不同位置的波浪增水

2.2.3.3　珊瑚礁地形上胸墙波浪力分布

（1）压强随时间的变化

组次 M1 中胸墙堤脚处的压力随时间的变化如图 2-13 所示。对比图 2-14 外海过程线可以发现，胸墙上波压力与入射波高直接相关，且随着波群呈周期变化。当波群中大波到达时，堤前水位增加，波高增大，波压力增加；反之，当波群中小波到达时，堤前水位降低，波高减小，波压力也随着减小。

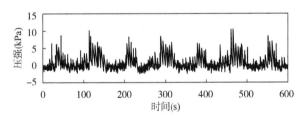

图 2-13　组次 M1 中的 5 号压力传感器的采集值

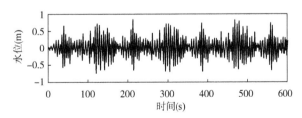

图 2-14　组次 M1 入射波浪过程线

17

除堤前水位和波高,波浪在珊瑚礁边缘破碎后的波生流也是影响胸墙波压力大小的主要因素。从图 2-15 可以发现,波浪在礁盘边缘破碎后,产生了较大的波生流,水流会在礁盘上向胸墙传播,当传至胸墙前方时,胸墙前水位明显增加,最后冲击水流直接作用在胸墙上,产生了较大的冲击压力。一部分水体会越过胸墙形成越浪,而另外的水体会以反射波形式向离岸方向传播。

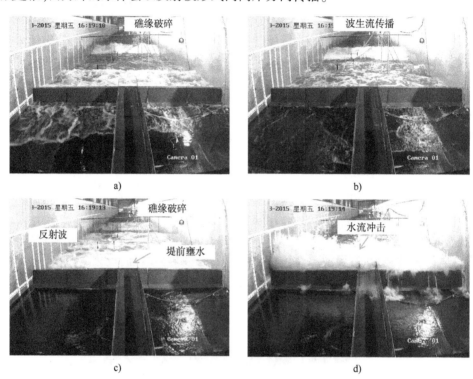

图 2-15　波浪在礁盘上的破碎传播过程

(2)压强分布

从试验结果可以发现,整个胸墙立面的水平力基本呈矩形分布,而近岸防波堤胸墙的波浪水平力大多为三角形分布。此外,水平力从上到下呈增大减小再增大的趋势,也就是说立面上出现两处波压力较大的位置,一是中上部,二是最底部。水平力分布呈上述现象主要是由于在陡变的珊瑚礁地形上,波浪在礁盘边缘破碎后主要以水流的形式向前传播,且该冲击水流流速沿水深方向基本一致,因此使得胸墙上的压强呈矩形分布。此外,第一个压强大值出现的主要原因是破波水流的冲击点,该位置的高低主要受静水位和堤前壅水的影响,水位越高,冲击点越靠上,外海入射波高越大,堤前壅水越高,冲击点也越高;第二个压强大值出现的主要原因是静水压力的影响,由于堤脚处水深最大,因此会出现压力局部大值。同时,通过试验结果发现,整个胸墙底面的浮托力基本呈三角形分布,与近岸防波堤胸墙的波浪力分布近似。

(3)试验结果与规范的比较分析

《港口与航道水文规范》(JTS 145—2015)给出缓坡地形斜坡堤胸墙波压力的计算公式,如下:

$$\bar{p} = 0.24\gamma H K_p \qquad (2-4)$$

其中,γ 为水的重度;H 为建筑物前波高,对于本研究的不规则波计算采用 $H_{1\%}$;K_p 是与无因此参数 ξ 和波坦 L/H 有关的平均压强系数。同时,胸墙底趾处的最大竖向压强可按 0.7 倍的平均水平压强折减。

根据规范公式,采用入射波的波高和波长计算胸墙水平力和浮托力,分别将规范值、试验值列于表 2-2 中。试验值中的水平力和浮托力分别为等效平均水平力 $\bar{p}_h$ 和等效底趾处波压力 p_{utoe},根据实测值按矩形分布和三角形分布按下式计算得到。

$$\bar{p}_h = \frac{\sum p_{hi} l_{hi}}{\sum l_{hi}} \qquad (2-5)$$

$$p_{utoe} = \frac{2\sum p_{ui} l_{ui}}{\sum l_{ui}} \qquad (2-6)$$

式中,p_{hi} 和 p_{ui} 分别为实测的水平和竖直点压强;l_{hi} 和 l_{ui} 为压力传感器的有效影响水平和竖向范围。

波浪力试验值和规范值对比   表 2-2

组次	试验值(K_p)		规范值(K_p)		偏差(%)	
	$\bar{p}_h$	p_{utoe}	$\bar{p}_h$	p_{utoe}	$\bar{p}_h$	p_{utoe}
M1	10.17	8.63	14.31	10.02	41%	16%
M2	6.06	5.28	11.90	8.33	96%	58%
M3	9.60	8.02	13.78	9.64	43%	20%
M4	5.28	5.17	11.46	8.02	117%	55%
M5	7.64	7.50	12.46	8.72	63%	16%
M6	4.47	4.30	10.19	7.13	128%	66%

可以发现,实测水平力和浮托力均小于采用外海入射波要素得到的计算值。主要原因是波浪在珊瑚岛礁的破碎和传播过程中,能量会发生耗散。对比不同入射波要素的情况,入射波周期越短,其传播的相对距离 s/L_0 越长(s 为防浪堤距礁盘边缘的距离),能量耗散越大,试验值与规范值偏差越大;同时,水位越低,礁盘底部的摩擦影响越大,能量耗散越多,偏差越大。

通过上述分析,可采用两个无量纲系数 K_s 和 K_h 对平均水平力的规范值进行修订:

$$K_s = f(s/L_0) \tag{2-7}$$

$$K_h = f(h/H_0) \tag{2-8}$$

式中,s 和 h 分别为防浪墙距礁盘边缘的距离和礁盘上水深;L_0 和 H_0 分别为深水波长和波高,对于不规则波分别对应平均波长和有效波高。

通过分析和最小二乘法拟合,可得到 K_s 和 K_h 的表达式,即:

$$K_s = 1.41 e^{-1.7\left(\frac{s}{L_0}\right)^2} \qquad (0 \leqslant s < 1) \tag{2-9}$$

$$K_h = 0.43 \frac{h}{H_0} + 0.8 \qquad (0 \leqslant h < H_0/2) \tag{2-10}$$

从式(2-9)可知,距礁盘边缘的距离越近,胸墙波浪力修正系数越大。当 $s=0$,即胸墙位于礁盘边缘时,胸墙所受的波浪力会大于规范计算值,而当胸墙位于 1 倍波长以外时,$K_s=0.26$,因此为减小胸墙波浪力,防浪堤修建时应尽可能修建到距礁盘边缘 1 倍波长以外的位置。根据式(2-10)可以发现,礁盘底摩阻对胸墙波浪力主要起到折减效应,水深越浅,折减越大,当 $h > 0.5H_0$ 时,底摩阻对波浪力的折减效应将不再明显。

对于胸墙底趾处最大竖向压强,可参考规范,按平均水平力乘以折减系数 μ。根据试验结果,μ 可取 0.92,大于规范推荐的 0.7。主要原因是,胸墙在冲击水流的作用下,有倾转的趋势,使得胸墙底趾会出现轻微抬动,因此水压力更容易传递至胸墙底面,产生更大的浮托力。

修正后的波浪力修正值与试验值吻合良好,其中平均水平力偏差在 5% 以内,底趾浮托力的偏差在 10% 以内,说明采用修正后的计算公式能够很好地得到珊瑚岛礁地形上的胸墙波浪力。

2.2.4　建议与展望

①构建 DJ 及广泛海域海洋水动力模拟、监测和预报系统。

②建立 DJ 波浪传播模型,识别 DJ 波浪传播过程中的能量耗散与转化机制。

③采用大比尺物理模型,消除比尺效应,准确模拟 DJ 陡变地形上波浪与结构物的作用,揭示防浪建筑物的冲击破坏机理,进而开展 DJ 结构物设计标准研究。

④优化数学模型,进一步提高模拟精度。

2.3 基于大比尺水槽的波流边界层发育机制试验研究

2.3.1 项目概况

(1)波浪作用下底部边界层发育机制

通过波浪作用下的大比尺水槽系列试验,通过改变水深、入射波高、波周期等输入条件,测量波浪边界层内的特征参数;开发建立高精度波浪作用下边界层数值模式。

(2)波流耦合作用下底部边界层发育机制

通过波流耦合作用下的大比尺水槽系列试验,改变水深、入射波高、波周期、行进流速等输入条件,测量波流边界层内的特征参数;开发建立高精度波流耦合下边界层数值模式。

(3)实际工程水动力泥沙运动模拟示范应用

将试验所得成果(理论方程、公式)应用于通用水动力泥沙数值模式中,并以典型海岸工程为例开展示范应用,进一步校验所得成果的合理性。

2.3.2 模型设计与安装

本次试验对波流边界层的测量共包括平坡和斜坡两种地形工况。在试验段中,原有床面铺设 4m 厚的细砂,床面为动床状态。因此,在试验测量前,必须对108m 长的试验段进行改造。

对平坡试验工况而言,通过铺设混凝土并结合抹面的方式,使整条水槽均成为固定床面并找平,模型地形误差精度控制在 ±1mm 左右,与试验水深 3m、4m 相比,误差率控制在 0.05% 以内;对斜坡试验工况而言,通过在水槽内构造长 30m、高度3m 的斜坡,使其水下坡度达到 1:10,斜坡上方通过混凝土铺面结合抹面形成固定床面,斜坡地形找平精度控制在 ±1mm 左右。

图 2-16 中示意了试验地形的施工情况。在试验开始前,首先将漂浮在水槽水面上的杂质进行清理,保证仪器接线的安全。

图 2-16 试验地形制作实拍照片

2.3.3 试验组次

系列试验组次安排见表 2-3。

波浪在平坡作用下系列试验组次安排   表 2-3

编号	水深(m)	波高(m)	波周期(s)	波长(m)	波浪雷诺数 Re	波陡 H/L	相对水深 H/D	坡度
W1		1.5	6.0	34.77	9.51E+05	0.04	0.38	
W2		1.5	5.0	27.95	6.73E+05	0.05	0.38	
W3		1.5	4.0	20.86	3.84E+05	0.07	0.38	
W4		1.2	6.0	34.77	6.08E+05	0.03	0.30	
W5	4.0	1.2	5.0	27.95	4.30E+05	0.04	0.30	平坡 无坡度
W6		1.2	4.0	20.86	2.46E+05	0.06	0.30	
W7		1.0	6.0	34.77	4.23E+05	0.03	0.25	
W8		1.0	5.0	27.95	2.99E+05	0.04	0.25	
W9		1.0	4.0	20.86	1.71E+05	0.05	0.25	

续上表

编号	水深(m)	波高(m)	波周期(s)	波长(m)	波浪雷诺数 Re	波陡 H/L	相对水深 H/D	坡度
W10		1.5	6.0	30.72	1.38E+06	0.05	0.50	
W11		1.5	5.0	24.93	1.03E+06	0.06	0.50	
W12		1.5	4.0	18.96	6.50E+05	0.08	0.50	
W13		1.2	6.0	30.72	8.85E+05	0.04	0.40	斜坡坡度 1:10
W14	3.0	1.2	5.0	24.93	6.57E+05	0.05	0.40	
W15		1.2	4.0	18.96	4.16E+05	0.06	0.40	
W16		1.0	6.0	30.72	6.15E+05	0.03	0.33	
W17		1.0	5.0	24.93	4.56E+05	0.04	0.33	
W18		1.0	4.0	18.96	2.89E+05	0.05	0.33	

注:以上试验均同时针对平坡、斜坡两种工况开展

根据《工作大纲》,波流耦合作用下的试验工况为2组,包括顺流、逆流条件下的工况,水深选取为3.0m,入射波高1.0m、波周期4.0s,流速选取为±0.3m/s。根据专家评审意见,波流耦合试验不建议采用斜坡,因此在本组试验条件下仅针对平坡环境。具体试验组次见表2-4。

拟开展波流耦合作用下试验组次安排 表2-4

编　　号		水深(m)	入射波高(m)	入射波周期(s)	行进流速(m/s)	坡　　度
平坡	FC1	3.0	1.0	4.0	0.30(同向)	—
	FC2				−0.30(逆向)	

2.3.4 主要研究成果

①由本试验数据,推导得到了波浪摩阻系数公式,经与前人公式对比,本公式更加适用于现场当量环境下的紊流粗糙区。

②推导得到了适用于紊流粗糙区的底部剪切力计算公式。基于得到的波浪摩阻系数,推导得到了底部剪切力的计算公式如下,该公式具有普遍适用性。

$$\frac{\tau_{mean}}{\tau_c + \tau_w} = \frac{\tau_c}{\tau_c + \tau_w}\left[1 + b\left(\frac{\tau_c}{\tau_c + \tau_w}\right)^p\left(\frac{\tau w}{\tau_c + \tau_w}\right)^q\right] \quad (2-11)$$

③基于推导得到的底部剪切力公式,将其嵌入通用的三维水沙运动数值模式中,并以连云港实际案例进行模拟,结果表明所推求的剪切力公式可很好地模拟现场泥沙运动,模拟含沙量结果和实测值十分接近,见表2-5和图2-17~图2-23。

各级波浪条件下羊山岛计算特征含沙量与实测推算值比较　　表 2-5

特征含沙量（kg/m³）	5 级浪	6 级浪	7 级浪	8 级浪	9 级浪	10 级浪
推算值	0.28	0.43	0.61	0.80	0.98	1.14
模拟值	0.24	0.39	0.48	0.63	1.00	1.32

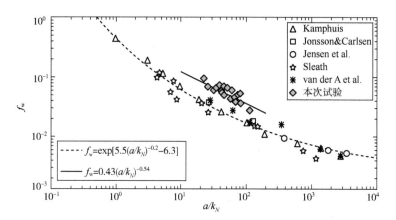

图 2-17　波浪水槽试验条件下波浪摩阻系数和振荡水槽试验结果的比较

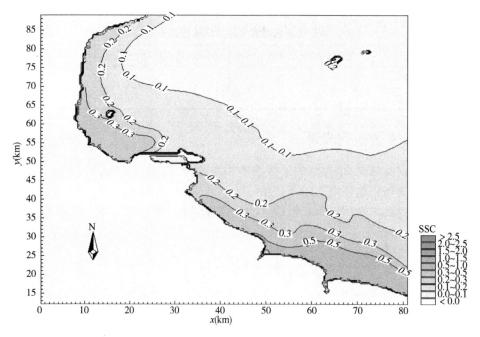

图 2-18　5 级浪特征含沙量平面分布

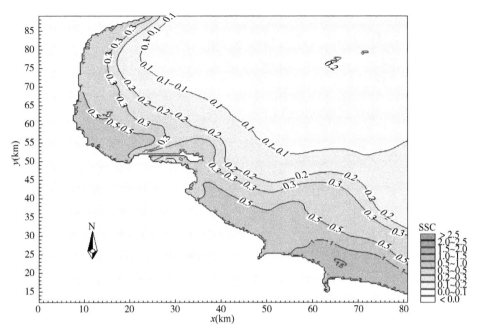

图 2-19　6 级浪特征含沙量平面分布

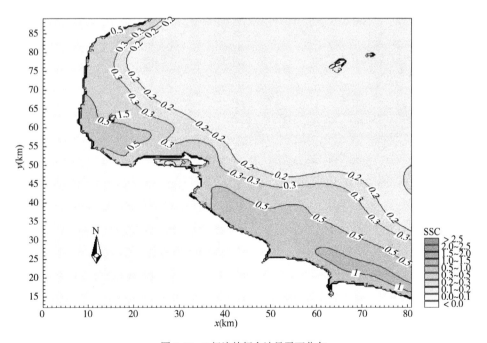

图 2-20　7 级浪特征含沙量平面分布

25

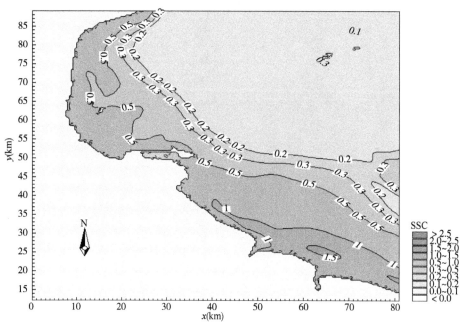

图 2-21　8 级浪特征含沙量平面分布

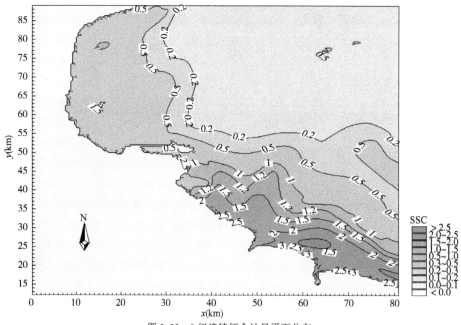

图 2-22　9 级浪特征含沙量平面分布

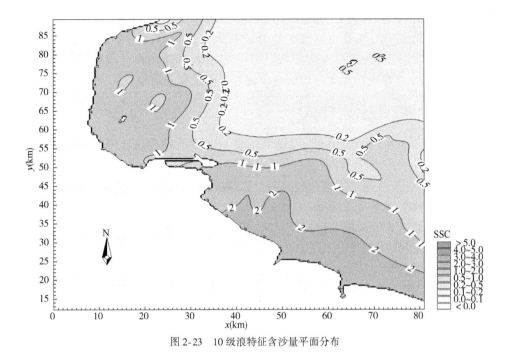

图 2-23　10 级浪特征含沙量平面分布

2.4　网箱养殖设施大比尺波浪试验

2.4.1　项目概况

福建省科技厅省属公益类科研院所基本科研专项"新型网箱耐风浪流性能及行为研究",项目编号 2014R1003-5。

随着港湾可养海域正在逐渐萎缩、海区污染日趋严重,养殖病害日益频繁,网箱养殖业从湾内向湾外发展已是必然趋势。我国虽然从 20 世纪末开始开展深水抗风浪网箱养殖试验研究,但目前实际生产使用的网箱因抗风浪能力、耐海流变形性能、管理操作方便性、成本投资等因素,不能很好地满足我国生产实际需要,这也限制了我国湾外网箱养殖的发展。因此结合福建省海域特征及养殖特点,开发具有良好的耐风浪流性能、投资相对较少、养殖管理操作方便的新型网箱,对拓展湾外养殖海域、保持海水网箱养殖可持续发展具有十分重要的意义。

项目组认真总结和分析了十几年来我国开展抗风浪网箱的试验研究成果及养殖生产的经验教训,根据 HDPE 框架浮式网箱、浮绳式网箱和传统渔排等网箱系统的各自优点,设计了基于柔性受力系统的组合式抗风浪流养殖网箱系统。

为了评价基于柔性受力系统的组合式抗风浪流养殖网箱系统的耐风浪流性能,并掌握其在福建省典型海区环境条件下的水动力性能和运动特点,项目组于2016年9—10月在天科院大比尺波浪水槽开展模型试验研究。

2.4.2 模型设计与安装

网箱尺寸和水槽试验条件,网箱系统模型的主比尺为 $\lambda = 10$,网衣小比尺为 $\lambda' = 3$。

试验基于《波浪模型试验规程》(JTJ/T 234—2001)开展,模型设计符合基本的相似准则。模型钢绳及锚绳采用 $\phi 5mm PP$ 绳,并通过弹性拟合,将模型绳索悬挂重物直至弹性消失后连接一定长度的橡皮绳,使其可近似满足弹性模拟。

考虑网衣的刚度相似,不同于实物网箱采用的 PE 网衣,试验网衣选择柔软度较好的无结 PA 网作为模型网衣材质。并通过调整网衣沉子重量使原模型网衣满足重力相似,参见图 2-24。

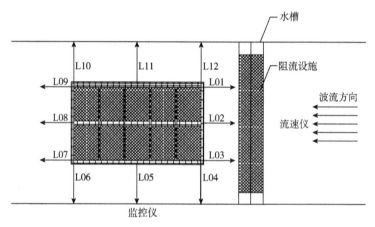

图 2-24　模型网箱使用 12 条锚绳正交固定在试验水槽底面

通过对比市场上现有的 PVC、PE、PP、PE-RT 等多种管材与原型框架采用的 HDPE 材料刚度,试验采用 $\phi 25PE$ 制作浮管,$\phi 11PP$ 制作立柱/扶手。使模型框架在满足重力相似、几何相似的前提下,尽量满足刚性相似。

2.4.3 仪器设备

测力计、流速仪。

2.4.4 主要研究成果

①试验网箱在项目组设计的双"V"形阻流设施掩护下,网衣变形改善明显。优化阻流设施方案,采用小网目、线径粗的网衣或设计3排"V"形网衣可将养殖容积总体变形率降低到20%以内。

②波浪相同时,网箱缆力与流速呈线性增长的关系,随着波高增加,缆力随流速增加的趋势趋缓。流速相同时,迎流面缆力与波高也基本呈线性增长的关系。在流速固定时,网衣变形随波高的增加而增加,增加幅度随波高逐步趋缓。流速不同,网衣变形随波高增加幅度有所差异。

③网箱在有效波高为0.7m、周期2.7s,有效流速0.3m/s(换算为实际海况条件有效波高7m,周期8.6s,有效流速0.95m/s)组合作用时,网箱迎流面缆力和最大值为188.83N,换算为实际海况条件下(波高7m,周期8.6s,流速95m/s)受力188830N;两侧锚绳缆力值缆力和最大值分别为107.47N、79.99N,换算为实际海况条件下受力107470N、79990N;背流面锚绳处于悬浮状态,不受力。网箱固泊可根据该数据进行固泊选取材料和方案设计。

④设计的新型网箱由钢绳框架承担大部分外力,HDPE框架起到方便管理操作和维持钢绳框架形状的作用。相较浮绳式网箱,新型网箱能维持网箱绳框不变形。

2.4.5 建议与展望

本次试验中,因受条件限制,对于网箱网衣变形量未能做精确的量化分析,这也是目前模型试验普遍存在的问题。希望在今后的研究中通过改善水质,研制高精度仪器能够解决这个问题。

2.5 围油栏性能测试技术

2.5.1 项目概况

海运是石油运输的最主要方式,随着石油海运的高速发展,也增加了海上溢油事故发生的概率。据国际油轮船东防污染联合会(ITOPF)统计,仅在2010—2013年就发生了28起7吨以上的溢油事故。港湾是溢油事故的高发地,据ITOPF统计,1970—2013年间,漏油量为7~700吨的事故31%发生在港湾。溢油事故不仅造成巨大经济损失,也会造成严重的生态后果。因此,港湾突发性溢油应急处置及生态修复技术研究显得尤为重要。

围油栏和吸油材料是溢油应急处置的两个基本要素。围油栏可有效地围控溢油,吸油材料可以快速吸附溢油,减少对海洋环境的影响。我国交通运输部在借鉴美国围油栏标准后,于2001年出台了《围油栏》(JT/T465—2001)设计标准。由于缺乏大比尺波浪水槽物理模型试验,我国的围油栏设计标准中一直没有对围油栏的抗风抗浪性、随波性、拦油能力等指标提出具体的测试方法,使我国的围油栏设计滞后。相反,美国在围油栏的设计标准不断更新,在2012年的新标准对围油栏的抗风抗浪性、随波性、拦油能力等提出了明确要求及测试方法。因此,通过引进美国先进的围油栏设计技术,利用大比尺波浪水槽物理模型试验对围油栏的综合性能指标进行测试,提升我国围油栏开发设计的水平。

2.5.2 模型设计与安装

通过数值波浪水槽和小比尺波浪水槽物理试验,我们对风浪流作用下围油栏拦油效果做了系统的研究,得出了优化围油栏的初步方案,有效地控制了围油栏失效概率。

在实际的围油作业过程中,围油栏受力以及布设方式对围油栏拦油效率也有重要影响。现有中华人民共和国交通行业标准JT/T 465—2001中,围油栏的受力强度分析中,只考虑了水流速度和围油栏吃水,对于不同风浪流参数,拖曳油品性质,部署形式以及展宽率(p/l)下,标准JT/T 465—2001围油栏性能指标能否适用,目前国内外并没有对此进行深入试验研究。因此,拟开展不同拖曳展宽率以及布设方式下围油栏拦油效果实验研究,形成系统、完备的围油栏性能测试技术。

目前,本项目已经设计了大水槽围油栏拖曳装置,是一种简易的围油栏水槽试验拖曳装置,主要由浮在水上浮子框架和固定在水槽上端的拖曳装置组成(图2-25)。水上浮子框架由封闭式钢浮筒组成来提供浮力,四周安装4导轮,使浮力装置在水槽中能够平行、平稳地运动。浮力装置包括导轮、加油装置、围油栏、浮子、封闭式钢浮筒和连接装置。浮子由封闭式钢浮箱组成,为浮力装置提供浮力。导轮能够使装置在水槽中平行、平稳移动。连接装置用来连接围油栏与浮力装置。通过加油装置将试验用油直接输送到围油栏前端。围油栏后连接阻尼制动装置,使得拖拽装置停止运动后,防止浮力装置由于惯性继续向前,使整个装置保持平衡。试验结束后由阻尼制动装置带回原试验位置,以便下次试验的进行。

同时,利用气垫船,在大比尺波浪水槽中开展了围油栏静水拖曳预试验,如图2-26所示。确定了围油栏水槽中的布置方式、最大拖曳速度、粒子投放与回收方式、拖曳距离等基本的试验参数。

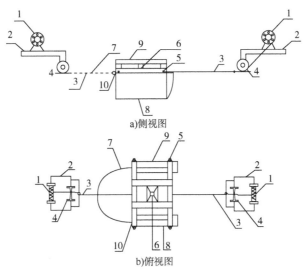

a)侧视图

b)俯视图

图 2-25　大水槽围油栏拖曳装置

1-卷扬机;2-固定支架;3-拉力钢丝;4-定向轮滑;5-导轮;6-加油装置;7-围油栏;8-浮子;9-浮筒;10-连接扣

a)　　　　　　　　　　　　　　　　　　b)

图 2-26　大水槽围油栏拖曳预试验

2.5.3　主要研究成果

2.5.3.1　栏前溢油形态演变过程

（1）水流作用下的栏前溢油形态演变过程

当水流流速很低时,栏前溢油首先在水面形成一薄油层。随着水流流速的不断增大,薄油层逐渐变短短厚。当水流流速达到 18cm/s 时,油层靠近上游前端迎水面处形成"头波",该"头波"随着水流流速的不断增加,逐渐向近围油栏端移动

[图 2-27a)、图 2-27b)]。随着水流不断增加,"头波"迎水面界面波出现。界面波逐渐变陡,导致小油滴从油水界面脱落。脱落后的油滴一部分掺杂到周围的水体中,一部分重新融入原油层中。"头波"不断向围油栏前端移动的过程中,在围油栏前端和"头波"之间形成一倒三角涡旋区。油水界面处剥落的油滴进入水体后,一旦进入这个区域便会在涡旋的作用下在此区域停留较长时间。甚至一部分油滴会在"头波"背面重新融入油层,参与油层内循环[图 2-27c)],这一阶段栏前溢油剖面将达到一个临界稳定的状态。即油滴不断从油水界面处脱落,在围油栏的阻挡作用下进入栏前涡旋区,又不断融入原油层之中。当水流流速继续增大,油水界面处剥离的油滴将会在周围水体的作用下,绕过围油栏底端,发生围油栏拦油失效。这些逃逸到围油栏后方的小油滴,会在水流的拖曳作用下流向下游并远离围油栏;另一部分会进入到"栏后遮蔽区",在栏后涡旋的作用下在遮蔽区停留很长一段时间,聚集成更大的油滴或者油层,停留在围油栏后方[图 2-27d)]。

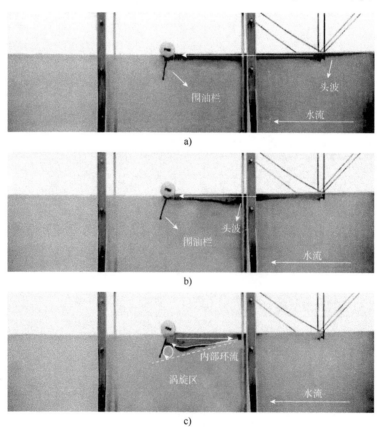

图　2-27

d)

图 2-27　水流作用下的围油栏前溢油形态演变过程

（2）波流作用下的栏前溢油形态演变过程

波流作用下的栏前溢油，不仅受到水流流速、波浪要素的影响，还受到水面波浪以及围油栏运动响应的影响。总的来说，栏前溢油在波流的拖曳作用下会在栏前逐渐聚集，并随着波面起伏而上下起伏。波流共同作用下的栏前油层厚度相比纯水流作用下的厚度更为平均。图 2-28a）、图 2-28b）可以看出：油层厚度变化与波浪的起伏运动基本保持相位一致。当波谷到达围油栏前端时，栏前油层随着波面向下运动，厚度减小；当波峰到达围油栏前端时，栏前油层随着波面向上运动，厚度增大。当围油栏前端油层厚度达到最大时，常常伴随着油层流失失效。此外，在波浪的作用下，围油栏会发生周期性的纵摇响应会引起有效吃水深度呈周期性减少，同时伴随着围油栏出现周期性的"排放失灵"失效模式［图 2-28c）］。

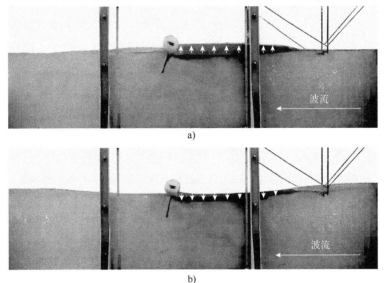

a)

b)

图　2-28

c)

图 2-28   波流作用下的围油栏前溢油形态演变过程

2.5.3.2   栏前后溢油特征几何要素研究

本节将研究纯水流以及波流共同作用下围油栏前后溢油特征几何要素,如溢油长度、溢油厚度、围油栏前涡旋区以及栏后遮蔽区的尺度。并给出围油栏裙摆长度、浮重比、柔性,溢油种类以及溢油量对围油栏前后溢油特征几何要素的影响。

（1）围油栏前后溢油的特征长度

图 2-29 给出了水流作用下溢油类型以及溢油量对栏前溢油长度的影响。可以看出:当水流流速小于 0.225m/s 时,栏前溢油长度随着水流流速的增大而显著缩短,这一阶段称为"加速累积阶段"。当水流流速大于 0.225m/s 直至栏前溢油发生失效时,栏前溢油长度随着水流流速的增大而缓慢缩短,这一阶段称为"蠕变累积阶段"。这是由于:这一阶段油层在围油栏前聚集变厚,在水流剪切力的驱动下栏前油层形成内部环流。内部环流的存在导致油层厚度缩短减慢。当水流流速达到临界失效速度时,栏前溢油长度随着水流流速的增大而显著缩短,这一阶段溢油流失失效发生。同时,试验结果表明溢油量与溢油长度成正比。相同水流流速情况下,黏度较大的油品(CKC680)的栏前长度一般较短。这是由于:一方面,高黏度油在水流的剪切作用下不容易形成内部环流,更倾向于以油层的形式整体向围油栏方向聚集。另一方面,高黏度油品一般具有相对更高的密度,发生 KH 界面不稳定的临界水流流速相比低黏度油品大,因此不容易发生油水界面失稳。由于围油栏裙摆刚性几乎不影响围油栏上游较远处的流场。因此,当水流流速较小,栏前溢油长度较长时,围油栏裙摆的刚性对溢油长度几乎没有影响。然而,当水流流速较大时,溢油被围油栏裙摆阻挡并聚集在栏前。柔性围油栏裙摆由于在强水流环境下发生严重的弯曲、变形,其有效吃水深度显著减少。进一步地,柔性围油栏前溢油损失相对刚性围油栏要大,栏前油层长度显著变短。

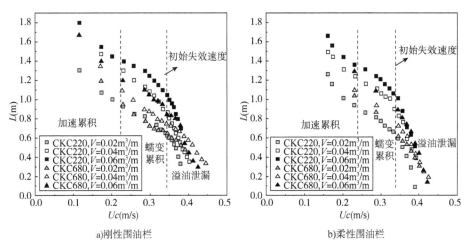

a)刚性围油栏　　　　　　　　　　　b)柔性围油栏

图 2-29　水流作用下溢油类型以及溢油量对栏前溢油长度 L 的影响（M2 和 M5）

图 2-30 给出了水流作用下围油栏裙摆长度以及浮重比对栏前溢油长度的影响。由于在水流流速较低的情况下，围油栏的裙摆刚性对围油栏前溢油油层长度没有影响。同样地，改变围油栏裙摆长度以及配重质量，也不会显著影响上游远端的流场以及油层剖面形态。当水流流速较大时，增大围油栏裙摆长度以及增大围油栏配重，可以有效地增大围油栏吃水深度，增加其拦油能力，围油栏前油层也相对较长。

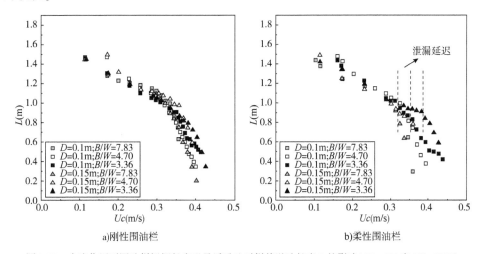

a)刚性围油栏　　　　　　　　　　　b)柔性围油栏

图 2-30　水流作用下围油栏裙摆长度以及浮重比对栏前溢油长度 L 的影响（M1～M6 和 M7～M12）

为了进一步研究栏前溢油油层长度,我们将油层长度用溢油量均方根 $V^{1/2}$ 无量纲化。无量纲化的栏前溢油油层长度表明:刚性围油栏与柔性围油栏前溢油长度规律相似(图 2-31),溢油长度均随着水流流速的增加呈对数型下降。围油栏裙摆刚性对无量纲化的栏前油层长度几乎没有影响,溢油量对无量纲化的栏前油层长度有显著影响。溢油量越小,无量纲化的栏前溢油油层长度越长。为了验证试验测量结果的正确性,本次试验结果与 Delvigne 的试验结果进行了对比。需注意的是:Delvigne 的物理试验油品范围黏度范围是 350～2600cSt。可以看出,虽然与 Delvigne 的物理试验油品、溢油量、温度、围油栏模型不尽相同,但是无量纲化的栏前溢油油层长度与 Delvigne 所测量的试验结果处于同一量级,说明本试验结果是合理的。将本次试验数据采用人工神经网络工具进行拟合(EPR;Giustolisti),得到无量纲化的栏前溢油油层长度公式:

$$L_s/V^{1/2} = \left[-1.0013\ln\left(\frac{\alpha^{1/2}U^{1/2}V^2}{D^{1/2}}\right) + 3.9173\frac{\alpha^{1/2}U^2}{D^{1/2}}\ln\left(\frac{\alpha^2 V^{3/2}}{U^2 D}\right) \right]; (R^2 = 0.93)$$

（2-12）

式中:$L_s/V^{1/2}$——无量纲化的栏前溢油油层长度;

α——水流拖曳力与配重比值,$\alpha = \rho_w U^2 D/(2W_b)$;

其中:ρ_w——水的密度(kg/m³);

U——水流流速(m/s);

D——裙摆长度(m);

W_b——配重重量(kg/s);

V——初始溢油量(m³/m)。

需要注意的是:公式(2-12)仅用于油品性质与齿轮润滑油 CKC 系列相似的油品,且平均水流流速小于 30cm/s 的围油栏作业环境中。

为了研究波浪对围油栏前溢油长度的影响,定义纯水流条件下栏前溢油长度为 L_s,波流条件下栏前溢油长度为 L_{sw},由波浪作用引起的栏前溢油长度衰减率为 $(L_s - L_{sw})/L_s$。现取以下组况进行分析:围油栏裙摆长度 $L = 0.1m$,浮重比 $B/W = 4.70$,初始溢油量 $V = 0.04m³/m$。从图 2-32 可以看出:当围油所处作业环境的波陡大于 0.0011 时,栏前油层长度衰减率随水流流速的增大呈指数型增长,这一结果与 Amini 和 schleiss 试验结果保持一致。同时可以看出,围油栏作业环境波陡越大,相对应的溢油长度衰减率越大。对于作业环境波陡一致的情况,溢油长度衰减率主要取决于当地波高大小。一般来说,作业环境波高越大,溢油长度衰减率越大。

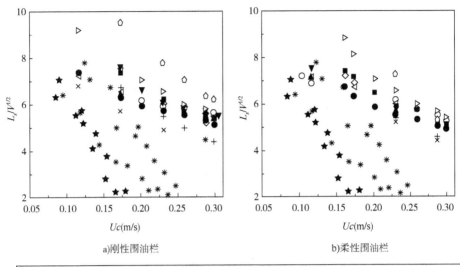

CKC220
▷ V=0.02m³/m,D=0.1m,B/W=4.70 ○ V=0.04m³/m,D=0.1m,B/W=7.83 ■ V=0.04m³/m,D=0.1m,B/W=4.70
◆ V=0.04m³/m,D=0.1m,B/W=3.36 ▲ V=0.04m³/m,D=0.15m,B/W=7.83 ▼ V=0.04m³/m,D=0.15m,B/W=4.70
◁ V=0.04m³/m,D=0.15m,B/W=3.36 ● V=0.06m³/m,D=0.1m,B/W=4.70
CKC680
⬠ V=0.02m³/m,D=0.1m,B/W=4.70 + V=0.04m³/m,D=0.1m,B/W=4.70 × V=0.06m³/m,D=0.1m,B/W=4.70
掺混油(燃料油,汽油,水)Delvigne,1989
✳ Exp.No.9–11 ★ Exp.No.16~17;V=0.005m³/m;固定刚体围油栏(吃水深度0.07~0.13m)

图 2-31　水流作用下无量纲栏前溢油长度 $L/V^{1/2}$（M1~M6 和 M7~M12）

　　之前结论表明:当围油栏拦油失效后,大量的溢油会从围油栏裙摆底端逃逸到围油栏后方,相当一部分溢油会随水流携带进入到栏后遮蔽区停留很长一段时间,最终以浮油的形式停留在围油栏后方。显然,由围油栏裙摆后方尾涡形成的栏后遮蔽区可以看成围油栏储油能力的表现。尤其当溢油事故发生后,多种溢油应急设备联合围控溢油时,被"捕获"的栏后浮油可以进一步被收油机等设备处理。试验结果发现拦油遮蔽区的长度为 4~7 倍围油栏有效吃水深度,这一结果与 Amini 和 schleis 数值模拟结果保持一致。现定义无量纲的栏后涡旋长度为 L_r/D_0（L_r 指的是栏后涡旋长度,D_0 为围油栏有效吃水深度）。

　　图 2-33 可以看出:由于柔性围油栏裙摆可变形,其无量纲的栏后涡旋长度比刚性围油栏的无量纲栏后涡旋长度要小。围油栏作业所处环境波陡越大,无量纲栏后涡旋长度越小。围油栏裙摆长度对无量纲栏后涡旋长度的影响效果要比围油

栏浮重比对无量纲栏后涡旋长度的影响效果显著。长裙摆围油栏一般其无量纲栏后涡旋长度比较大。围油栏浮重比越小,即围油栏越重时,无量纲栏后涡旋长度越大。

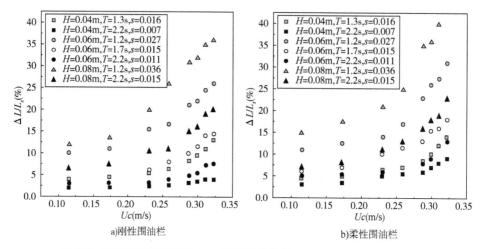

图2-32　波浪要素以及水流流速对无量纲栏前溢油长度 $\Delta L/L_s$ 的影响(M2 和 M5)

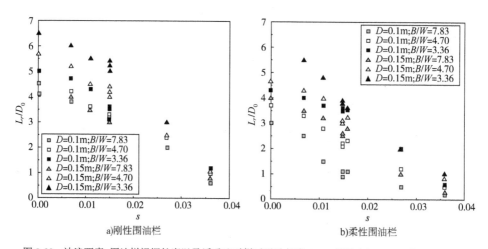

图2-33　波浪要素、围油栏裙摆长度以及浮重比对栏后溢油长度 L_r/D_0 的影响(M1~M6 和 M7~M12)

（2）围油栏前方溢油的特征厚度

图2-34 给出了水流作用下溢油类型以及溢油量对栏前油层厚度的影响。可以看出:当水流流速小于栏前溢油失效临界速度(约0.35m/s)时,栏前溢油厚度随

水流流速的增大而线性增大。无论刚性围油栏还是柔性围油栏,初始溢油量较大的组次的栏前油层厚度亦越大,而溢油油品种类对拦油溢油油层厚度影响不大。

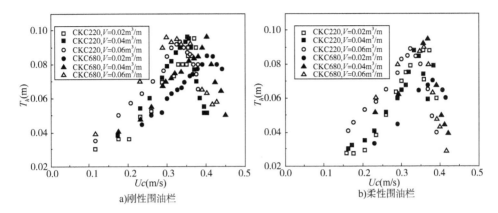

图 2-34　水流作用下溢油类型以及溢油量对栏前溢油厚度 T_h 的影响(M2 和 M5)

图 2-35 给出了水流作用下围油栏裙摆长度以及浮重比对栏前溢油厚度的影响。试验结果表明:围油栏吃水深度是影响围油栏前溢油油层厚度的主要影响因素。而围油栏裙摆的刚柔性、浮重比对围油栏前溢油油层厚度仅有微弱影响。围油栏浮重比越小,即围油栏越重,栏前溢油油层厚度越大。

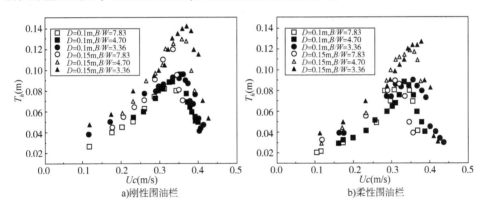

图 2-35　水流作用下围油栏裙摆长度以及浮重比对栏前溢油厚度 T_h 的影响(M1~M6 和 M7~M12)

参考 Amini 给出的无量纲的栏前溢油厚度 $T_p/V^{1/2}$ 公式,本书拟合无量纲的栏前溢油厚度将考虑围油栏的初始有效吃水深度以及栏前初始溢油量并得到以下公式:

$$T_h/V^{1/2} = \left[0.4507 \frac{UD}{\alpha^{1/2} V^{1/2}} + 9.8537 U^{3/2} D^{1/2} \right]; (R^2 = 0.92) \qquad (2\text{-}13)$$

式中:α——裙摆受到的水流拖曳力与围油栏配重重量的比值;

V——栏前初始溢油量(m^3/m);

D——围油栏裙摆长度(m);

U——水流流速(m/s)。

从图2-36可以看出:无量纲的栏前溢油厚度在未发生栏前溢油失效前,其值总是小于0.5,可以据此大致估计栏前溢油最大厚度。

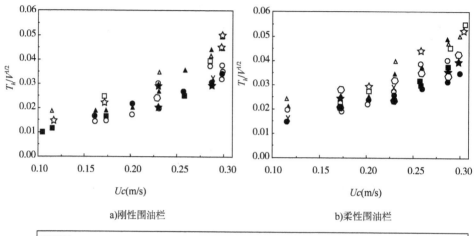

图2-36 水流作用下无量纲栏前溢油厚度 $T_h/V^{1/2}$(M1~M6 和 M7~M12)

(3)围油栏前方特征涡旋尺度

图2-37给出了水流作用下溢油类型以及溢油量对栏前涡旋尺度的影响。可以看出:只有当水流流速处于0.28~0.40m/s,栏前溢油涡旋区才会出现,且随着水流流速的增大,栏前涡旋尺度逐渐变小直至消失。总的来说,栏前初始溢油量越大,栏前涡旋尺度越大。当围油栏前初始溢油量固定时,黏度较高的油品(如CKC680)通常获得较小的栏前涡旋尺度。以上规律对刚性以及柔性围油栏均适用。所不同的是:柔性围油栏的栏前涡旋尺度受到裙摆柔性可变性的影响,一般小于刚性围油栏的栏前涡旋尺度。

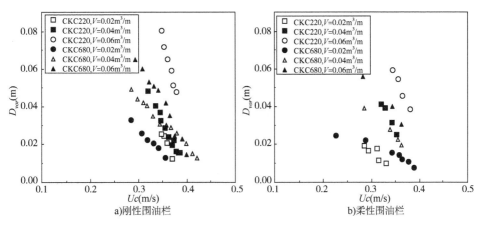

图 2-37　水流作用下溢油类型以及溢油量对栏前涡旋尺度 D_{vor} 的影响（M2 和 M5）

　　图 2-38 给出了水流作用下围油栏裙摆长度以及浮重比对栏前涡旋尺度的影响。试验结果表明：无论是柔性围油栏还是刚性围油栏，长裙摆围油栏一般栏前涡旋尺度较大。对于短裙摆围油栏来说，栏前涡旋尺度对围油栏浮重比不敏感；而对于短裙摆围油栏来说，围油栏浮重比越小，即围油栏越重，栏前涡旋尺度越大。

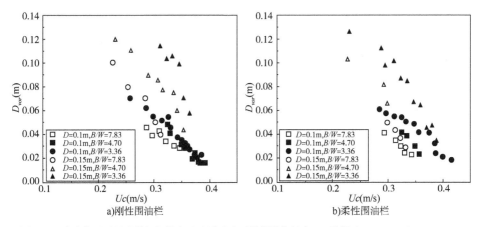

图 2-38　水流作用下围油栏裙摆长度以及浮重比对栏前涡旋尺度 D_{vor} 的影响（M1~M6 和 M7~M12）

　　无量纲栏前涡旋尺度 $D_{vor}/V^{1/2}$ 拟合结果如下：

$$D_{vor}/V^{1/2} = \left[33.3294 \frac{D^{3/2}V^{1/2}}{\alpha^{1/2}} - 4.5175 U^2 V^{1/2} \right]；（R^2 = 0.85） \qquad (2-14)$$

图 2-39 可以看出水流流速越大，无量纲栏前涡旋尺度 $D_{vor}/V^{1/2}$ 越小。

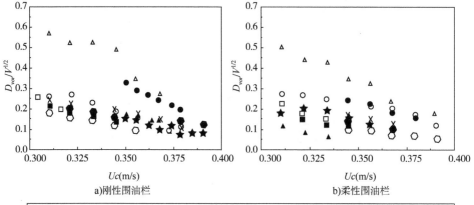

a)刚性围油栏   b)柔性围油栏

> CKC220
> ▲ V=0.02m³/m,D=0.1m,B/W=4.70   ■ V=0.04m³/m,D=0.1m,B/W=7.83   ★ V=0.04m³/m,D=0.1m,B/W=4.70
> ○ V=0.04m³/m,D=0.1m,B/W=3.36   □ V=0.04m³/m,D=0.15m,B/W=7.83   ☆ V=0.04m³/m,D=0.15m,B/W=4.70
> △ V=0.04m³/m,D=0.15m,B/W=3.36   ● V=0.06m³/m,D=0.1m,B/W=4.70
> CKC680
> ○ V=0.02m³/m,D=0.1m,B/W=4.70   ⬣ V=0.04m³/m,D=0.1m,B/W=4.70   ✗ V=0.06m³/m,D=0.1m,B/W=4.70

图 2-39 水流作用下无量纲栏前涡旋尺度(M1~M6 和 M7~M12)

2.5.3.3 溢油失效条件及损失率研究

（1）围油栏拦油失效条件

实验发现：对于中低黏度油品，围油栏拦油失效常表现为油滴夹带失效以及油层流失失效两种形式，这两种形式往往同时出现。因此本文讨论的围油栏拦油失效条件同时考虑这两种典型失效形式。就工程应用而言，提出栏前溢油特征高度T_w公式很有价值，其可以直接指导不同海域作业环境下围油栏安全设计吃水深度的选取。

除了栏前溢油特征高度，围油栏拦油初始失效水流流速也是国内外学者的研究重点。图 2-40 可以看出：刚性围油栏，拦油失效初始水流流速位于 32~43cm/s；柔性围油栏，拦油失效初始水流流速位于 32~41cm/s。虽然油滴夹带失效主要取决于溢油物理属性，如黏度、密度以及油水界面张力，但是裙摆较长的围油栏可以一定程度上阻止已从油层中剥离的油滴绕过围油栏裙摆底端，因此裙摆长度同样影响油滴夹带失效临界水流流速条件。同时，Lee 和 Kang 和 Amini 均指出溢油量可以影响初始失效水流流速。因此，综合考虑溢油量、围油栏裙摆长度以及浮重比对拦油失效初始水流流速的影响并拟合得到：

$$U_i = 3.141 U_{KH} - 1.1322 \frac{V^2}{D} - 0.31875\beta^{1/2} ; (R^2 = 0.85) \tag{2-15}$$

式中:U_i——拦油失效初始水流流速,m/s;

    U_{KH}——KH 失稳速度,m/s;

    β——配重稳定系,$\beta=1/W_b$,W_b 代表配重重量。

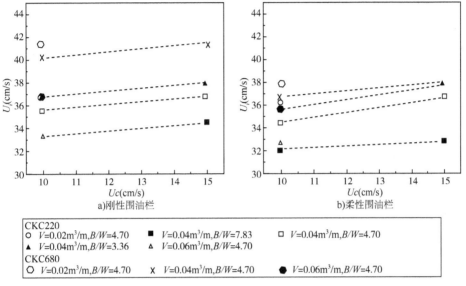

图 2-40　围油栏拦油失效初始水流流速 U_i

图 2-41 给出了波流作用下溢油类型以及溢油量对初始失效水流流速的影响。可以看出:当围油栏作业环境波陡大于 0.011 时,初始失效流速随着波陡的增大而降低,这个趋势对于低黏度油品(如 CKC220)更为显著。一般来说,溢油量越大,油滴从油层中剥离、从围油栏裙摆底端逃逸的机会越多,其初始失效水流流速越小。

图 2-42 给出了波流作用下围油栏裙摆长度以及浮重比对初始失效水流流速的影响。可以看出:对于短裙摆以及柔性围油栏,波陡对初始失效水流流速的影响更为显著。这是由于:对于短裙摆以及柔性裙摆围油栏,一旦油滴被水流剥离,受到围油栏裙摆的阻挡作用重新融合到原油层中机会很小。此外,围油栏浮重比越小,即围油栏越重,裙摆姿态相对垂直,围油栏有效吃水深度越大,围油栏拦油初始失效水流流速越大。

(2)溢油损失率影响因素

溢油事故发生后,需要耗费大量的人力、物力来消除残留溢油带来的影响。因此,准确的预测事故后围油栏的溢油损失率很有必要。Agrawal 和 Hale 和

Leibovich 研究认为油水界面张力可以影响溢油损失率。Delvigne 认为油水界面张力仅仅能影响夹带油滴的数量和尺寸，对围油栏拦油初始失效水流流速以及拦油损失率均不影响。Zalosh 通过数值模拟发现拦油损失率与水流流速呈线性关系。Amini 通过低黏度油品失效试验，得出拦油损失率与初始溢油量和围油栏吃水深度的关系。本文在 Amini 研究的基础上，考虑油品性质和围油栏参数对溢油损失率的影响。

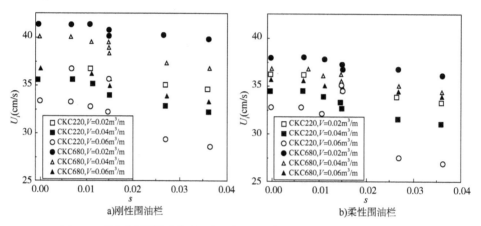

图 2-41　波流作用下溢油类型以及溢油量对初始失效流速 U_i 的影响（M2 和 M5）

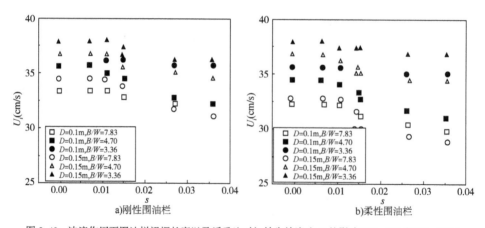

图 2-42　波流作用下围油栏裙摆长度以及浮重比对初始失效流速 U_i 的影响（M1～M6 和 M7～M12）

　　图 2-43 可以看出：在纯水流作业环境中，当初始拦油失效发生后，溢油损失率随着水流流速增大快速增大。特别对于轻质油品，溢油损失率增长的更明显。对

于某一种油品来说,溢油量越大,则溢油损失率越大。增大围油栏裙摆长度可以一定程度上减缓溢油损失率随水流流速的增长。对于柔性围油栏,围油栏浮重比很大程度上影响溢油损失率。一般来说,围油栏浮重比越大,溢油损失率越大(图2-44)。本文通过溢油围控试验,得出以下经验公式:

$$q_E = 0.77015\exp(I_U) + 0.0018586\exp\left(\frac{\alpha^2 V^{1/2}}{D^{3/2}}\right) + 306313.4956 I_U^{3/2} V D^2;$$
$$(R^2 = 0.91) \tag{2-16}$$

式中:q_E——溢油损失率($cm^3/m/s$);

I_U——相对于初始失效流速的水流流速增加量(m/s)。

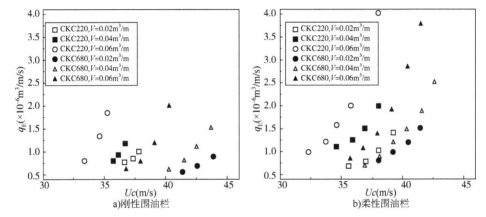

图2-43 水流作用下溢油类型以及溢油量对溢油损失率的影响(M2和M5)

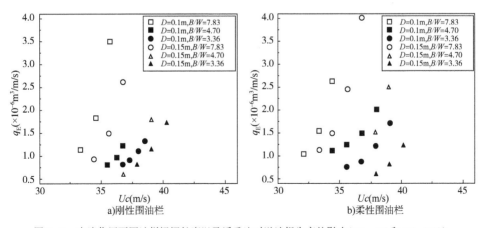

图2-44 水流作用下围油栏裙摆长度以及浮重比对溢油损失率的影响(M1~M6和M7~M12)

波浪不仅可以影响围油栏拦油初始失效流速,也可以影响溢油损失率。当围油栏作业环境波陡小于 0.011 时,波浪对溢油损失率几乎没有影响,溢油损失率与纯水流作业环境中一致。当围油栏作业环境波陡大于 0.011 时,溢油损失率显著增大。在大水流流速环境下,溢油损失率甚至是纯水流作业环境中的 3 倍以上(图 2-45)。

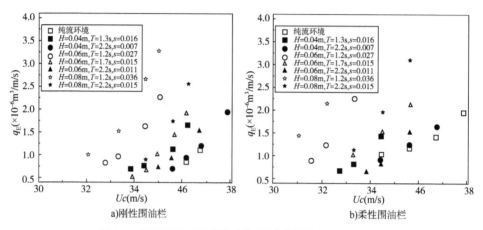

图 2-45　波浪要素、水流流速对溢油损失率的影响(M2 和 M5)

2.5.4　建议与展望

①对于中低黏度油品来说,栏前溢油在水流环境下逐渐变短变厚的过程中,会经历"加速累积""蠕变累积"以及"溢油泄漏"三个阶段。在"蠕变累积"阶段,栏前油层会达到动态平衡。围油栏前后存在两个主要涡旋结构,分别是栏前涡旋区以及栏后遮蔽区。栏前涡旋区会随着水流流速的增加而减小,直至消失。而栏后遮蔽区可以看成围油栏的储油区,从围油栏裙体底端逃逸的油滴一旦进入栏后遮蔽区将会停留很长一段时间。一般来说,纯水流作用环境下,栏后遮蔽区长度是围油栏有效吃水深度的 4~7 倍。

②围油栏拦油试验发现:在相同水流环境下,较高黏度的溢油一般其长度较短,油层厚度较大,栏前涡旋区较小。栏前溢油量越大,其对应的油层长度越长,油层厚度越厚,栏前涡旋区越大。在低水流流速环境下,栏前溢油剖面形态对围油栏类型不敏感,而在高水流流速环境下,配有较长裙摆、较重压载体的围油栏能有效抵抗溢油泄漏。围油栏裙摆长度决定栏前溢油油层厚度以及栏前涡旋尺度。当围油栏在短波主导环境下作业时,溢油损失率随着水流流速的增大而显著增大;当围

油栏在长波主导环境下作业时,如波陡小于 0.011 时,溢油损失率对水流流速不敏感。相比纯水流作业环境,波浪作用下的栏前油层长度以及栏后遮蔽区尺度会显著减小。根据采集的试验数据,采用进化多项式回归算法,拟合栏前油层长度、最大油层厚度、栏前涡旋以及栏后遮蔽区长度经验公式。

③针对中低黏度溢油,失效过程中常常伴随着油滴夹带失效以及油层流失失效两种形式。一旦泄漏失效发生,溢油损失率随着水流流速的增加呈指数型增加。固体浮子式围油栏同时配备长裙摆和大质量压载体一般具有良好的拦油性能。当波陡大于 0.011 时,波浪会显著影响溢油初始泄漏所对应水流流速以及溢油损失率。根据采集的试验数据,采用进化多项式回归算法,拟合溢油初始泄漏所对应的水流流速经验公式。

2.6 恶劣水文条件下港口水工结构的破坏机理和设计参数优化研究

2.6.1 项目概况

我国经济发达的渤海湾、长江三角洲和珠江三角洲沿海,广泛分布软黏土地基,给港口水工建筑物的结构安全带来很大的潜在威胁。为此由交通运输部组织开展了"恶劣水文条件下港口水工结构的破坏机理和设计参数优化研究"。通过研究进一步认识波浪—结构—地基(特别是软黏土地基)相互作用机理,形成波浪—结构—地基物理和数值模拟技术、软黏土软化机理和判别标准,提出对软黏土上直立式混合防波堤设计新方法的建议,并进一步提升为规范或指南。

研究成果可为《防波堤设计与施工规范》的有关条文修订提供参考依据和有益补充。因此,本研究对发展我国软黏土基床重力式结构的建设起到很大的推动作用,并将带来显著的经济效益,具有明显的示范意义。

项目实施形成了烟台港西港区软黏土地基重力式结构设计及施工示范基地,为在软黏土地基上进行重力式结构建设的类似工程和沿海其他港区提供借鉴。

2.6.2 模型的设计与制作

2.6.2.1 模型比尺

波浪条件及软土地基模拟技术 1∶5;波浪—结构—地基耦合作用破坏机理研究 1∶5;深水重力式防波堤性能设计及设计参数优化研究 1∶5。

2.6.2.2　模型制作

（1）波浪条件及软土地基模拟技术

研究工作基本按照图 2-46 的思路进行，通过一系列的试验最终确定模型地基土重塑的具体方法，就是通过调整含水率的办法调整软黏土的强度。

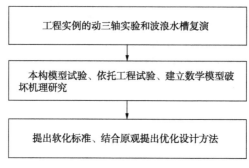

图 2-46　重塑土研究方法

由于土为各向异性材料，具有散体性、多样性和自然变异性等特点，土的物质构成主要以固态矿物颗粒作为土骨架、土骨架孔隙中的液态水和溶解物质以及土孔隙中的气体，其性质较为复杂，模型试验中无法满足相似性，故本书只要求满足承载力的近似相似，即确定土的强度满足试验要求即可。

针对长江口半原体软土地基模型试验，只要地基土体强度达到 6kPa 左右，即可满足模型试验中对地基承载力的要求。在针对不同工程开展模型试验研究时，只要根据具体布置和原体软黏土特性，按照重力相似原则确定模型地基土的目标强度即可，见图 2-47。

（2）波浪—结构—地基耦合作用破坏机理研究

长江口半圆堤原型中一个半圆体的长度为 19.94m，根据已有的研究成果，原型中波浪动荷载对地基的影响范围在 10m 左右。模型按照重力相似设计，大水槽的宽度为 5m，可以用于模拟地基的深槽高为 4m，大水槽底部边界对试验有一定的影响，综合考虑这些因素，模型几何比尺定为 1∶5。

半圆形沉箱模型采用 1cm 厚的钢板制成，模型尺寸按照几何比尺，钢沉箱模型高 1.7m，沿波浪传播方向宽 2.84m，垂直波浪方向宽 4.8m，两侧预留 10cm 间隙。整个钢沉箱自身重 4.47t。在沉箱内用石子配重 22.4t。配重完成后开孔用止水胶进行止水，同时保证整个沉箱的重心位置相似。

按照模型比尺推算整个沉箱重量，对沉箱进行配载，为保证沉箱的重心相似，按照预先设计好的配载方案，采用网兜块石通过沉箱上预留孔进行施工。

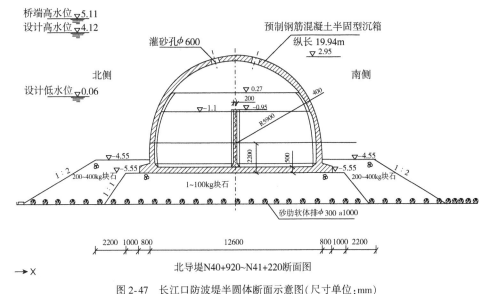

桥端高水位▽5.11
设计高水位▽4.12

预制钢筋混凝土半圆型沉箱

灌砂孔φ600

纵长 19.94m
▽2.95

北侧

南侧

设计低水位▽0.06

▽0.27
▽-1.1
200
▽-0.95
400
R5900

2200
500

▽-4.55
200~400kg块石
▽-5.55

1~100kg块石

▽-4.55
200~400kg块石
▽-5.55

1:2

砂肋软体排φ300 a1000

2200 1000 800   12600   800 1000 2200

→ X

北导堤N40+920~N41+220断面图

图 2-47　长江口防波堤半圆体断面示意图(尺寸单位:mm)

　　大模型槽尺寸为 $L=23m$, $B=5m$, $H=4m$。两侧各放置两台泥浆制造机,每侧配备 6 名工人,土及水的称量由专人负责,每天出土量 23m^3 左右。搅拌均匀的土体通过运输斗运到模型槽内,模型槽内土体用塑料布覆盖保湿。

　　每层添加 0.5m 后人工踩平并用振动机振动压实。用激光投线仪和米尺相结合进行土体高程定位,当达到一定高度时埋入传感器(孔隙水压力计、土压力计)。每 1m 进行十字板测试及静载试验,以确定土体强度满足要求。最后人工抹平,覆盖土工布及塑料布,保湿养护。根据前面试验结果可知,土体静置 15d 强度可以满足要求,见图 2-48~图 2-51。

图 2-48　预制完半圆堤运至试验场地

图 2-49　保湿养护

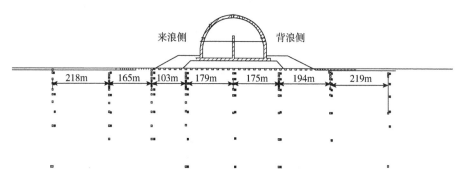

图 2-50　孔压传感器和土压传感器布置图

图 2-51　半圆堤沉箱正上方角度拍摄,低水位

（3）深水重力式防波堤性能设计及设计参数优化研究

大波浪水槽的物模试验共开展了两组防波堤结构,一是用于长江口二期 NIIB 的半圆形结构断面,一是依托工程的重力式沉箱断面。下面的图 2-52～图 2-55 对

应长江口二期的半圆形结构下卧土的土压孔压布置图和获得的孔压变化过程和累计变化结果;对应依托工程重力式沉箱断面下卧土的土压孔压布置图和获得的孔压变化过程和累计变化结果。

在不同水位条件下,观测了规则波作用下半圆体波压力。

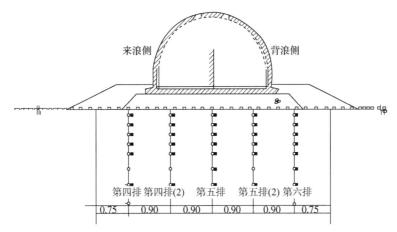

图 2-52　长江口模型试验土压孔压传感器布置传感器的布置(改变土体含水率)

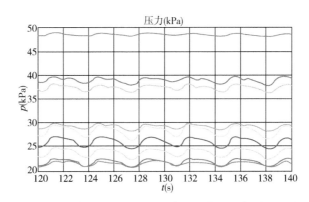

图 2-53　长江口半圆体试验设计低水位波高 0.6m 作用下第四排孔压变化过程

图 2-55 中可以看出在下卧土的迎浪侧基床边缘的下方土壤中从土壤表层到试验土壤底层孔压变化的规律基本与波浪的变化频率是相同的,从半圆形结构下卧土的孔压变化还可以看出一些逐渐减小的趋势。图表中可以看出对应半圆形结构的下卧土,在波浪作用下的累计孔压是对应基床背浪侧的最大,要大于结构的正下方,而对于依托工程的重力式沉箱这一规律不十分明显。分析原因可能是半圆形结构的自身重量较轻水深不大,且半圆结构造成了更多波浪垂直力的变化,因此

对背浪侧下卧土的干扰更大些,实际2002年寒潮过后半圆形沉箱实际的沉陷方向也确实是向背浪侧倾斜的;因此对于防波堤结构,背浪侧的防护应是设计的重点。

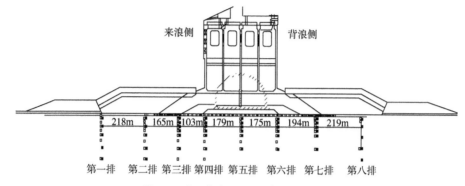

图 2-54　孔压传感器和土压传感器布置图

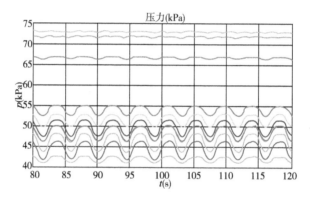

图 2-55　烟台港直立沉箱试验设计低水位波高 0.8m 作用下第三排孔压变化过程

2.6.3　主要研究成果

(1)波浪条件及软土地基模拟技术

①基于触变性超软土制备及力学特性分析可知:含水率35%的重塑土静置15d十字板强度达到6kPa,能够满足大比尺水槽试验对土体强度的要求。

②基于固化作用超软土制备及力学特性分析得到:含水率80%~90%掺入2.5%水泥试样14d后强度满足大比尺水槽试验对地基土强度要求。

③基于低位真空预压超软土制备及力学特性分析得出:普通排水板低位真空预压抽真空28d表层土体强度为10.22kPa,能满足大比尺水槽试验对地基承载力的要求。

④触变性在大比尺水槽超软地基土制作的应用表明:土体强度随静置时间增

加而增长,前期增长快,后期增长慢;孔压、土压随波浪作用而变化,随波高增加孔压影响增大,在一定深度处孔压影响最大;在波浪长期循环荷载作用下,孔压呈不规则变化,重塑土的强度软化到一定程度后孔压累积达到一定值后,土体软化破坏。

(2)波浪—结构—地基耦合作用破坏机理研究

①相同波高作用下,在接近堤顶高程的高水位条件下,半圆体防波堤受到的波浪水平合力明显小于低水位,而向下的垂直合力明显大于低水位。

②一般情况,观测点的孔压变化幅度随波高增大而增大。没有建筑物影响条件下,孔压变化幅度随着深度增加而减小。在防波堤的下方,这个规律同样存在。

③半圆体前趾下方软黏土当中的孔隙水压力变幅要大于后趾下方。分析原因,应该是由于半圆体前部受到的外力大,从而导致前部下方软黏土承受的动荷载大于后部。

④数据表明,在循环荷载作用下,防波堤下部某些特殊部位的软黏土的孔隙水压力会出现逐渐增加的现象。与孔压增加以后,有效应力在总压中的比例也确定无疑的下降了。

⑤当软黏土地基处于安全状态,波浪作用下虽然可以观测到压力的循环变化,没有观测到半圆体明显的沉降和位移。为了模拟地基破坏的现象,必须考虑重塑地基土。

⑥降低含水率的试验表明,当软黏土地基强度足够小,模型中可以出现类似长江口二期导堤工程半圆体的破坏模式。典型的特征就是,软化的地基土从防波堤前后的基床孔隙钻出隆起,防波堤主体明显沉降。

⑦重复试验结果表明,破坏的现象是可以控制的,也是可以多次重复的。本次试验的经验可为今后类似的研究提供有益的借鉴和指导,是波浪—建筑物—地基相互作用研究领域的技术进步。

(3)深水重力式防波堤性能设计及设计参数优化研究

①直立墙前的波浪力计算采用国际上通用的合田良实波浪力计算公式将获得更为贴近物模试验的计算结果。

②采用有限元强度折减法分析依托工程永久状况,当取用物模试验波浪力测试结果,下卧土换填4.0m开山石时,下卧土的地基承载力抗力系数仍可以满足要求;据此所做的工程造价表明:优化断面的造价单延米可以节省约4%左右。

2.6.4 建议与展望

本研究中仅对三个工程进行复现,需要对更多工程进行复现,进一步发现问题,改进试验方法,为相关工程设计和施工提供更有利的指导。

2.7 验潮井稳定性物理模型试验研究

2.7.1 项目概况

通过大比尺物理模型试验,给出观测塔设计波要素、设计水位、压强分布等设计参数,验证斜坡堤各部分结构稳定性,评估工程建设对现有工程的影响,为设计提供科学依据。

2.7.2 模型设计与制作

地形由方钢管焊接的桁架、铁板封板和上方后填的混凝土抹面组成。桁架分四段焊接,高 6m(有效高度 5m,1m 埋深至砂土中),宽 4.9m,总长 27m,如图 2-56 所示;为保证与原型地形一致,前坡分五段,其中,前 4 段焊接而成,坡度分别为 1∶1.45、1∶0.48、1∶0.87 和 1∶6,如图 2-57 所示。最后一段采用混凝土抹面,在钢板上填筑而成,坡度为 1∶16,如图 2-58 所示。

图 2-56 方钢管桁架

图 2-57 地形前坡

图 2-58　平台上部混凝土抹面

　　上部结构均按 1:20 的长度比尺制作。模型中验潮站、引堤和引水渠分别如图 2-59~图 2-61 所示。

图 2-59　模型中的验潮站

图 2-60　模型中的引堤

图 2-61 模型中的引水渠

由于模型试验采用的是淡水,而实际工程中为海水,受淡水与海水的密度差影响,试验中考虑 $\rho_{海水} = 1.025\rho_{淡水}$,在计算模型重量时要考虑这种影响,即试验中混凝土密度按 23.0kN/m³ 进行配比。栅栏板按长度比尺制作,每块尺寸为 25cm×20cm×2.5cm,如图 2-62 所示。垫层石按重力比尺挑选,质量偏差控制在±5%以内,形状随机。

图 2-62 试验中栅栏板

2.7.3 设备仪器

波高传感器、压力传感器、流速仪。

2.7.4 主要研究成果

本研究采用 1∶20 的大比尺物理模型试验,通过验潮站工程的稳定性进行了研究,得到以下结论:

①对于验潮站基础稳定性,开挖 2.5m 和 1.0m 基槽方案,验潮站均稳定,推荐采用开挖 1.0m 方案。

②对于验潮站上部结构顶高程,在极端高水位 50 年一遇波浪条件下,最大壅水距上部结构底面约 0.5m,证明该设计方案合理。

③试验对验潮站波浪力进行了测量,得到极端高水位 50 年一遇波浪条件下最小抗滑稳定系数为 1.32,满足稳定要求。

④对于不同水深处的波浪情况,从深水到浅水,波高呈现出减小—增加—减小—增加的趋势。第一次减小是由于水深变浅导致,−19m 处波高约为−100m 处波高的 0.81 倍;第一次增加是由于波浪破碎前增水导致波高增加;第二次减少是由于波浪破碎后能量耗散导致;而第二次增加是由于引堤的阻水效应,导致水位的波动变大。谱峰周期呈明显的增加趋势,尤其是在平台上方,谱峰周期可达 200s 以上。

⑤对于引堤,在 50 年一遇波浪条件下护面块体稳定。

⑥在极端高水位 50 年一遇波浪作用 3h 后,引堤堤根处原有块石未发生破坏和明显变形,且引堤建设前后的波高分布和护岸块石无明显变化,因此引堤建设对现有护岸的影响较小。

2.8 海上可移动能源平台水动力及锚泊系统抗台风模型试验

2.8.1 项目概况

天科院受中国科学研究院广州能源所(以下简称"能源所")委托对网箱式波浪能发电装置及系泊系统进行水池物理模型试验,通过试验希望达到以下目的:

①测量得到宽体和细长体这两种浮式装置在各个环境条件下的六自由度运动。

②验证系泊缆的刚度,各个环境条件下的张力。

③测量装置表面各关键点压强。

④耦合系统的风标性以及系泊缆是否与电缆发生缠绕。

为了完成试验目的,项目组于 2017 年 7～10 月在交通运输部天津水运工程科学研究院大比尺波浪水槽开展模型试验研究。

2.8.2 模型的设计与制作

试验中的模型是由能源所提供的模型装置。浮式网箱模型的示意图如图 2-63 所示。浮式网箱试验分成三组系泊系统,分别是恒张力系统,示意图如图 2-64 所示;弹性系统,示意图如图 2-65 所示;锚链系统,示意图如图 2-66 所示。

图 2-63　浮式网箱实际模型

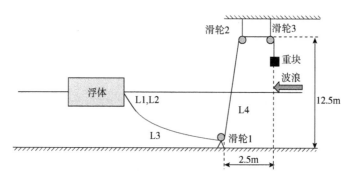

图 2-64　浮式网箱恒张力系统示意图

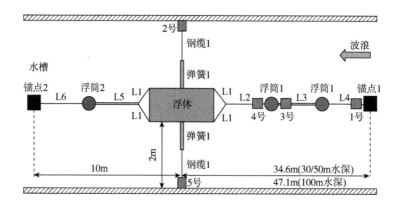

图 2-65　浮式网箱弹性系统示意图

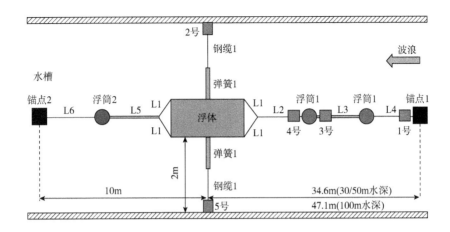

图 2-66 浮式网箱锚链系统示意图

"万山号"波浪能发电装置(比尺 1∶15)的示意图如图 2-67 所示,深水"万山号"波浪能发电装置(比尺 1∶30)的模型试验图如图 2-68 所示。

图 2-67 "万山号"波浪能发电装置(比尺 1∶15)实际模型

图 2-68　深水"万山号"波浪能发电装置(比尺 1∶30)实际模型

2.8.3　仪器设备

波高传感器、六分量仪、水下拉力传感器、水下压力传感器、流速仪、风速仪。

2.8.4　主要研究成果

①浮式网箱的恒张力试验,通过观测悬挂不同质量重块的运动情况,确定了入射波浪波高、周期与重块质量的关系。

②浮式网箱和"万山号"波浪能装置的弹性系统和锚链系统试验,通过测量浮体的运动位移和系泊系统的张力,找到了台风工况和作业工况下更为理想的锚泊系统。

③通过"万山号"波浪能装置在规则波作用下鹰头负重块试验,得到"万山号"不同频率规则波作用下的波浪能最佳俘获效率。

④通过深水"万山号"RAO 试验得到装置及鹰头的 RAO 曲线;通过将该波能装置布置在有地形情况下的试验,得到了"万山号"在陡变地形和礁盘边缘两种情况下的装置位移、系泊系统拉力,为实际工程提供参考。

2.9　TK-WAFS

2.9.1　项目概况

在进行海工建筑物的设计时,需要计算结构物在波浪作用下的受力情况以及稳定性,目前较为常用的方法是实验室模型试验以及采用经验公式进行计算,但模型试验面临着投资大、耗时长的问题而经验公式则往往精度不足。基于性能的设计方法是一种全新的设计概念,相比于模型试验和经验公式所能提供的信息,这种设计方法需要更多的数据支持,因此利用数学模型进行辅助设计变得越来越重要。

为了推动数值模型在海工建筑物设计中的应用,在交通运输部天津水运工程科学研究院成立了相关的研究组,研究组开发了适用于多种问题的数值波浪水槽,下文将介绍该数值水槽的概要与发展前景。该数值水槽采用 VOF 法捕捉自由表面,可以用来模拟波浪的传播、海浪—海流—基床—建筑物的相互作用。也就是说,该数值水槽用于替换试验室水槽来为海工建筑物的设计提供必要的参考数据。

2.9.2 WAFS 模型的验证

2.9.2.1 验证目的

海工建筑物的设计需要合理地评估波浪对建筑物的作用,包括波浪力、压强、爬坡高度、越浪率等,这些量值可以作为边界条件用于计算结构物的破坏以及稳定性。尽管目前存在一些理论与半经验公式,但考虑到水力条件以及结构物的布置往往千差万别,故很难将这类公式广泛地应用到实际计算中。与物理模型试验的成本高、耗时长相比,数值模拟提供了一种更加灵活、有效、经济的解决办法。

作为一种海工建筑物设计的辅助工具,需要验证 WAFS 在计算流体与结构物相互作用时的准确性。本节采用不同的水力条件,模拟半潜堤在长时间规则波作用下的波压力,通过与物理试验的对比,验证了 WAFS 的计算精度。

2.9.2.2 数值条件

(1)模型尺寸及计算域设定

图 2-69 给出了半潜堤算例的模型设置。该物理试验在 TIWTE 的大水槽中进行,大水槽长 450m。为减小计算量,数值模型中计算域的长度设定为 70m。计算域右端设置为无反射边界,但应注意,虽然无反射边界可以消除绝大部分反射波,但仍有一些残余的反射波会向左传播并影响最终的计算结果,模型长度越小,这种影响产生的越快。在一定的时间范围内,这种反射波的影响很小可以忽略不计。

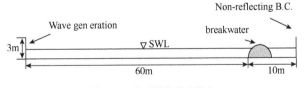

图 2-69 模型计算域的设定

图 2-70 给出了半潜堤的详细尺寸。物理试验中半潜堤被放置在砂质基床上，虽然 WAFS 中包含孔隙介质，但在本次模拟中，并不考虑砂质基床的影响。在半潜堤外表面布置了一些压强传感器用来测定试验中的波压力。具体布置位置如图 2-71 所示。

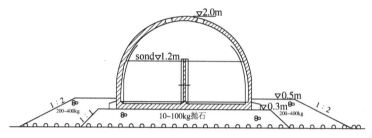

图 2-70　半潜堤结构尺寸

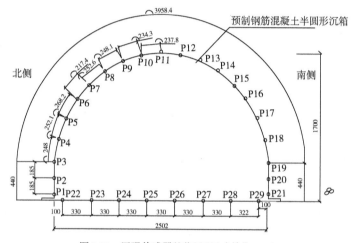

图 2-71　压强传感器的位置(尺寸单位：mm)

（2）波浪条件

为了验证不同水力条件下的波浪作用力，模型中考虑了 3 种工况。三种工况的波高（H）、波浪周期（T）以及水深（h）见表 2-6。

波　浪　条　件　　　　　　　　　　　　　　表 2-6

参　数	Case 1	Case 2	Case 3
$h(m)$	1.51	1.85	2.19
$H(m)$	0.6	0.6	0.6
$T(s)$	3.5	3.5	3.5

三种工况下的网格尺寸均设定为 2cm,总网格数为 525000。使用天河超算中心服务器 7 核节点计算 50s 需花费 168h。

图 2-72 分别给出了 Case 2 工况下 $x=13.5$m 以及 $x=27$m 位置的水面高程时间序列。列出了第一个波到达之后的统计波高(表 2-7)。由于这两个测点位置在最初的一段时间内并未受到来自半潜堤的反射波的影响,因此 $x=13.5$m 位置的前 25s 以及 $x=27$m 位置的前 22s,数值计算结果与目标入射波具有良好的一致性。在此之后,反射波到达测点位置,水面高程受到反射波的影响逐渐偏离目标波浪条件。

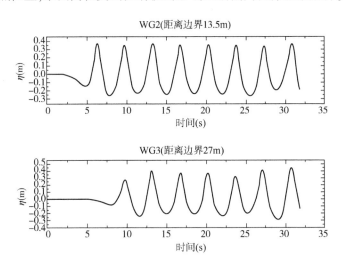

图 2-72　Case 2 工况下测点位置的水面高程

统 计 波 高　　　　　　　　　　　　　　　　　表 2-7

	WG2($x=13.5$m)	WG2($x=27$m)
波高(m)	0.60	0.62

2.9.2.3　压强对比

图 2-73~图 2-76 给出了 Case 2 工况下半潜堤离岸侧 4 个测点位置的压强计算结果。压强序列呈现出周期性波动,其波动周期与波浪周期一致。试验观测数据含有较为明显的噪声。与 P2 与 P4 位置相比,数学模型并不能很好地模拟 P6、P8 位置上产生的负压值,这是由于这些测点会周期性暴露在空气中但模型中并没有考虑空气介质。可以在后续的模型中添加多相介质来提高模型对类似情况的计算精度。

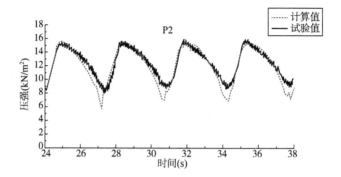

图 2-73　Case 2 工况下 P2 测点压强值

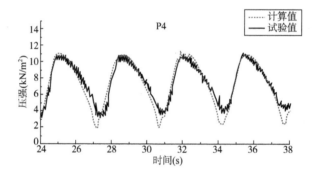

图 2-74　Case 2 工况下 P4 测点压强值

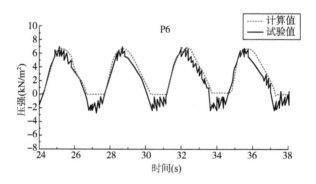

图 2-75　Case 2 工况下 P6 测点压强值

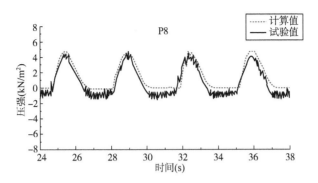

图 2-76　Case 2 工况下 P8 测点压强值

半潜堤顶部两个测点的压强计算结果如图 2-77 及图 2-78 所示。与离岸侧的测点类似,数值计算结果与实验室显示出良好的一致性,但数值模型还不能准确地模拟暴露在空气中的测点的压强。

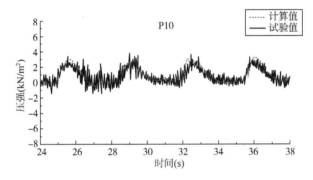

图 2-77　Case 2 工况下 P10 测点压强值

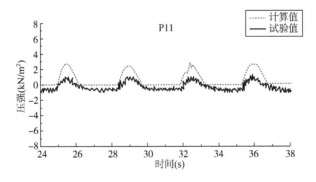

图 2-78　Case 2 工况下 P11 测点压强值

图 2-79～图 2-82 给出了半潜堤向岸侧四个测点的压强计算结果。从图中可以看出测点的压强值在前 30s 呈现出周期性变化,30s 后有增大的趋势,这是由于虽然右端采用了无反射边界,但仍有一定量的反射波返回至半潜堤,这些未完全消除的反射波增加了波能,进一步增大了测点的压强值。尽管存在上述问题,但在反射波的影响到来之前,数值模型的计算结果与试验数据呈现出良好的一致性。

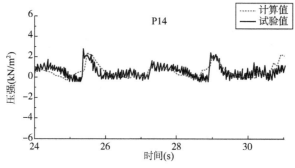

图 2-79　Case 2 工况下 P14 测点压强值

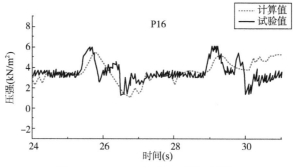

图 2-80　Case 2 工况下 P16 测点压强值

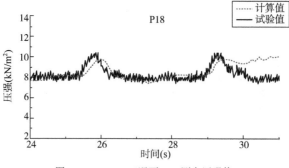

图 2-81　Case 2 工况下 P18 测点压强值

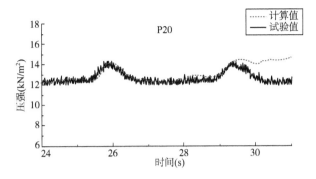

图 2-82　Case 2 工况下 P20 测点压强值

其余两个工况 Case 1($h = 1.51\text{m}$)与 Case3($h = 2.19\text{m}$)的计算结果见图 2-83～图 2-101。WAFS 模型同样可以较为准确地模拟半潜堤在这两个水位下受到的波压力。

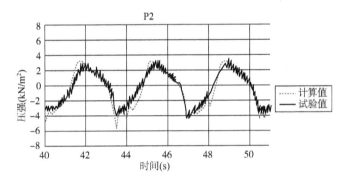

图 2-83　Case 1 工况下 P2 测点压强值

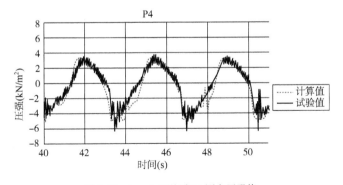

图 2-84　Case 1 工况下 P4 测点压强值

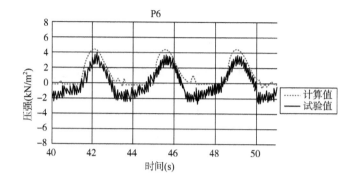

图 2-85　Case 1 工况下 P6 测点压强值

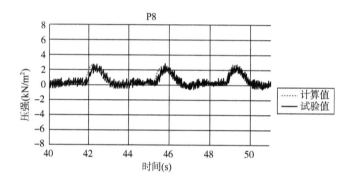

图 2-86　Case 1 工况下 P8 测点压强值

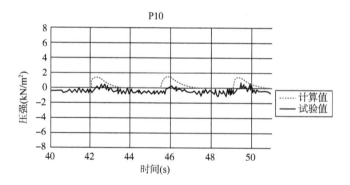

图 2-87　Case 1 工况下 P10 测点压强值

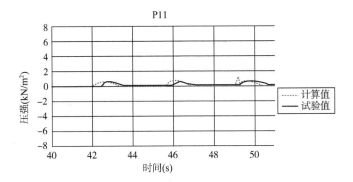

图 2-88　Case 1 工况下 P11 测点压强值

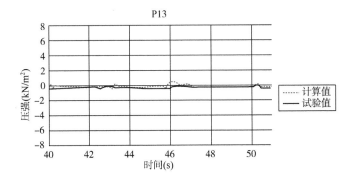

图 2-89　Case 1 工况下 P13 测点压强值

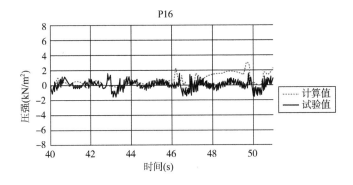

图 2-90　Case 1 工况下 P16 测点压强值

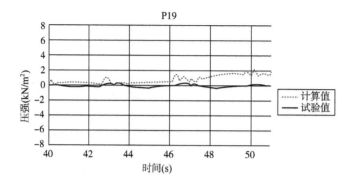

图 2-91　Case 1 工况下 P19 测点压强值

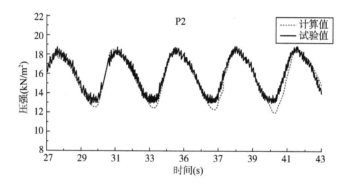

图 2-92　Case 3 工况下 P2 测点压强值

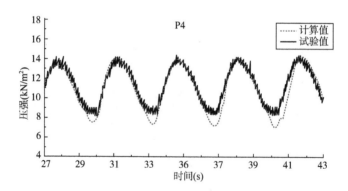

图 2-93　Case 3 工况下 P4 测点压强值

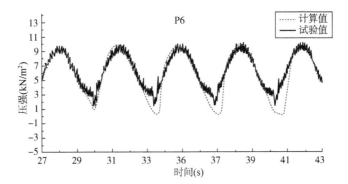

图 2-94　Case 3 工况下 P6 测点压强值

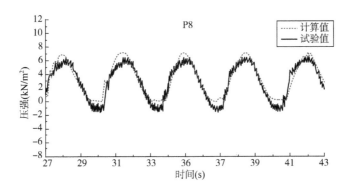

图 2-95　Case 3 工况下 P8 测点压强值

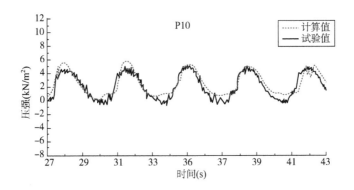

图 2-96　Case 3 工况下 P10 测点压强值

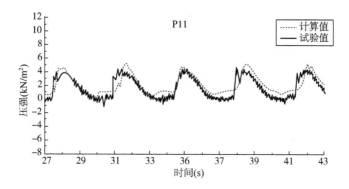

图 2-97　Case 3 工况下 P11 测点压强值

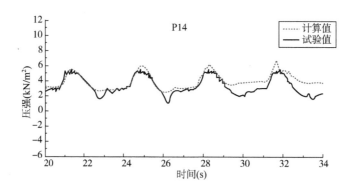

图 2-98　Case 3 工况下 P14 测点压强值

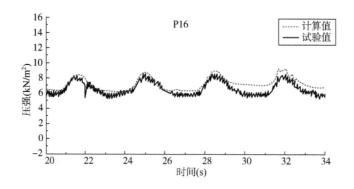

图 2-99　Case 3 工况下 P16 测点压强值

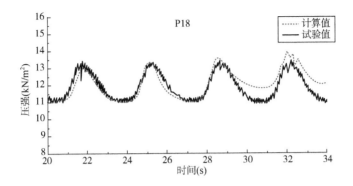

图 2-100　Case 3 工况下 P18 测点压强值

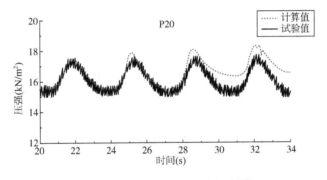

图 2-101　Case 3 工况下 P20 测点压强值

上述算例显示出 WAFS 模型可以合理地模拟波浪对海工建筑物的作用力。虽然现阶段模型中依然存在一些问题,但 WAFS 依然可以作为有效的辅助工具帮助完成海工建筑物的设计工作。

2.9.3　WAFS-BCM

BCM 法将计算区域划分为一个个被称为"立方体"的子区域,并在每个立方体内通过网格进行分隔计算。通过均衡全体立方体上的分隔数,可以简化程序中的数据结构,并通过改变并行计算中的立方体数量平衡各个计算核心的负载。本书的数值模型应用了具有多路径的 BCM 法。

为了简单起见,下面以二维 BCM 法为例对 BCM 法进行说明,三维情况与二维情况相同。在二维的情况下,根立方体通过四叉树结构以嵌套的方式逐层进行分隔,逐步提升网格结构的分辨率(三维的情况下为八叉树结构)。二维 BCM 法中立方体分隔的典型示例如图 2-102 所示。

四叉树结构的基本模式如图 2-103 所示。

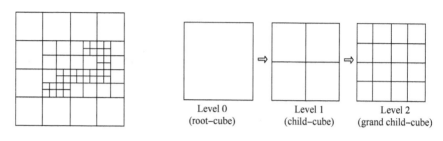

图 2-102　二维 BCM 法中立方体分割示例　　　　　　图 2-103　四叉树结构的基本模式

2.9.3.1　方腔流

（1）计算条件

计算条件参见表 2-8、图 2-104～图 2-106。

计 算 条 件

表 2-8

项　　目	数　　量
根立方体	4×1×1
立方体数目	4（level2）+20（level3）+112（level4）= 136
立方体内的单元数	4×4×1（图 2-106） 6×6×1（图 2-107） 8×8×1（图 2-108）
计算区域	1×1×1（m）
入流边界	vel =（1,0,0）（m/s）
固边界条件	非滑移边界条件
差分格式	变步长
计算时长	从静止状态开始至第 200s
差分格式	三阶 MUSCL 格式
运动黏滞系数	$1e-3$（m²/s）
密度	1（kg/m³）

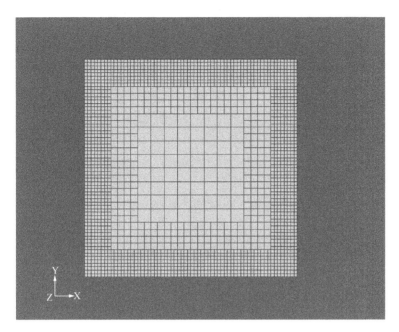

图 2-104　计算网格,立方体内单元数 4×4×1

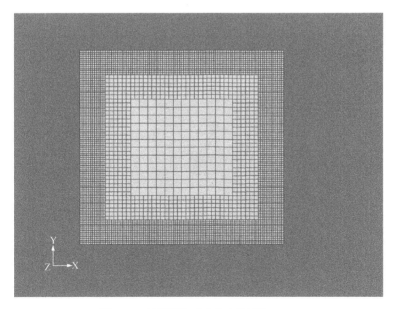

图 2-105　计算网格,立方体内单元数 6×6×1

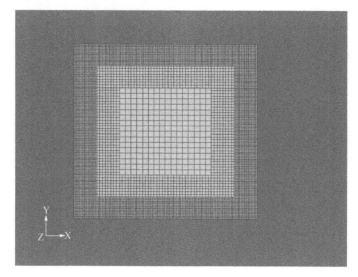

图 2-106　计算网格,立方体内单元数 8×8×1

(2)计算结果

方腔流算例的计算结果如下。

Ghia(1982)通过试验测定了中心流速剖面。这里将模型计算结果与该试验数据进行对比,见图 2-107~图 2-110。

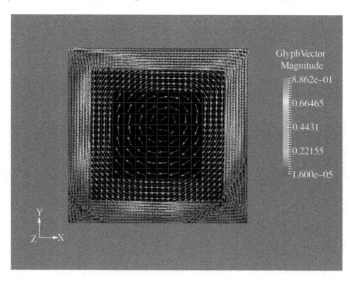

图 2-107　流速矢量(立方体内单元数 4×4×1)

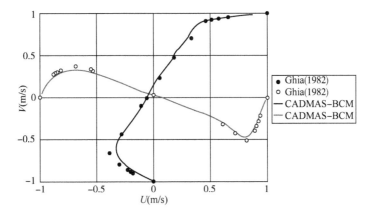

图 2-108   与 Ghia(1982)的对比,立方体内单元数 4×4×1

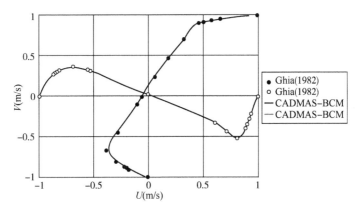

图 2-109   与 Ghia(1982)的对比,立方体内单元数 6×6×1

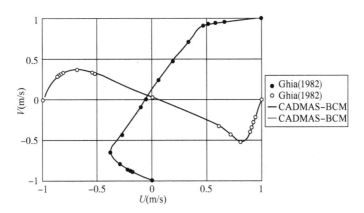

图 2-110   与 Ghia(1982)的对比,立方体内单元数 8×8×1

2.9.3.2 射流

本算例模拟由底部射流引起的波浪。这种造波法中,线性反射波可以被透射出去,也就意味着反射波可以被吸收掉。

(1)计算条件

本算例的计算条件如表2-9所示。

计 算 条 件 表2-9

项　　目	数　　量
根立方体	1×1×1
立方体数目	1
立方体内的单元数	10×2×20
计算区域	2×1e3×1m
入流边界	vel=(0,0,5)(m/s) $F=1(m^3/m^3)$
时间步长	0.1s
差分格式	一阶迎风格式
密度	流体=1000,气体=1(kg/m³)
结构布置	左下角,右下角2×2×5个单元

(2)计算结果

流速矢量分布图与体积函数 F 的分布图如图2-111所示。可以看到流速与体积函数 F 都呈现出对称性。由于有水体从底部流入,液面高程发生了变化。在后续的研究中,将进一步关注入流条件与波浪要素之间的关系。

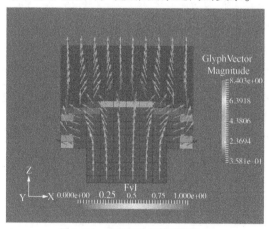

图2-111　流速矢量与体积函数 F

2.9.3.3 造波与波浪传播

本算例模拟利用流函数法生成特定的波浪场。

（1）计算条件

本算例的计算条件如表 2-10 所示。水深为 10m，波高为 3m，周期为 8s。除此之外，分别采用一阶迎风、TVD+限定 F、TVD 格式进行离散，并比较计算结果。

造波计算条件 表 2-10

项　　目	数　　量	项　　目	数　　量
波浪周期，$T(s)$	8.007	时间步长	$T/100,T/200$ or $T/400$
水深，$D(m)$	10	网格尺寸（m）	$\Delta x = L/80, \Delta z = D/25$
波高，$H(m)$	3	差分格式	一阶迎风格式，TVD 格式
波长，$L(m)$	72.1014099121094		

（2）计算结果

图 2-112 给出了一个时刻整个计算区域范围内的波浪长。

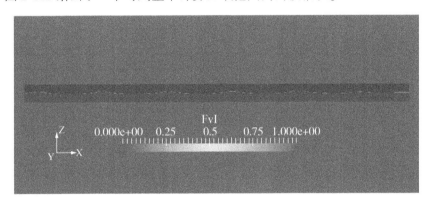

图 2-112　计算域内的波浪场

图 2-113 给出了不同时间步长下分别采用一阶迎风以及 TVD+限定 F 格式得到的 $2L-\Delta x/2$ 位置处的波面高程。从图中可以看出，当采用合适的时间步长，TVD+限定 F 格式得到的计算结果更加接近于理论值。一阶迎风格式的数值黏性对计算结果有一定的影响。

图 2-114 给出了当 Δt 进一步减小时得到的波面高程。尽管 TVD+限定 F 的计算结果更加接近于解析解，但当仅仅采用 TVD 格式时，计算结果开始偏离解析解。因此在模型计算中需要选择适当的离散格式。

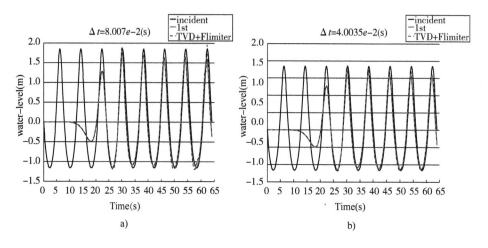

图 2-113　$2L-\Delta x/2$ 位置处的水面高程时间序列

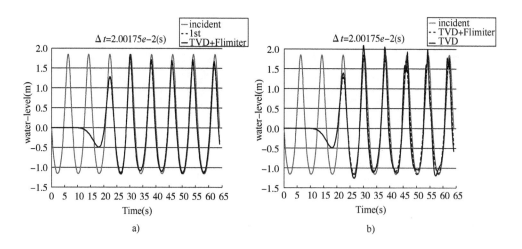

图 2-114　$2L-\Delta x/2$ 位置处的水面高程时间序列

2.9.3.4　越浪问题

本算例模拟了防波堤的越浪问题，采用精细的网格划分防波堤附近区域，同时也验证了 BCM 法的计算精度。

（1）计算条件

本算例的计算条件如表 2-11 所示。为了维持计算稳定性，采用一阶迎风格式进行离散。

越 浪 计 算 条 件   表 2-11

项　　目	数　　量	项　　目	数　　量
波浪周期,$T(\text{s})$	8.007	时间步长	$T/100$
水深,$D(\text{m})$	10	网格尺寸(m)	$\Delta x = L/80, \Delta z = D/25$
波高,$H(\text{m})$	4	差分格式	一阶迎风格式
波长,$L(\text{m})$	73.0402221679688		

(2)计算结果

图 2-115 给出了一个时刻整个计算区域范围内波浪场。图 2-116 给出了防波堤附近区域的计算结果。

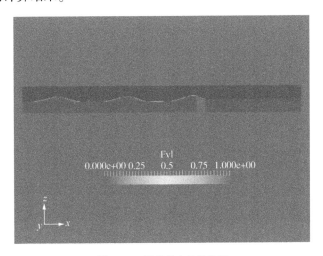

图 2-115　计算域内的波浪场

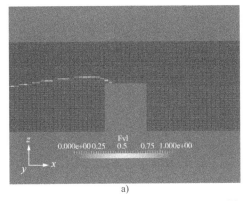

a)

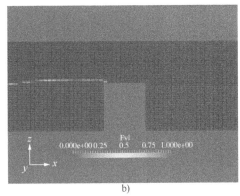

b)

图　2-116

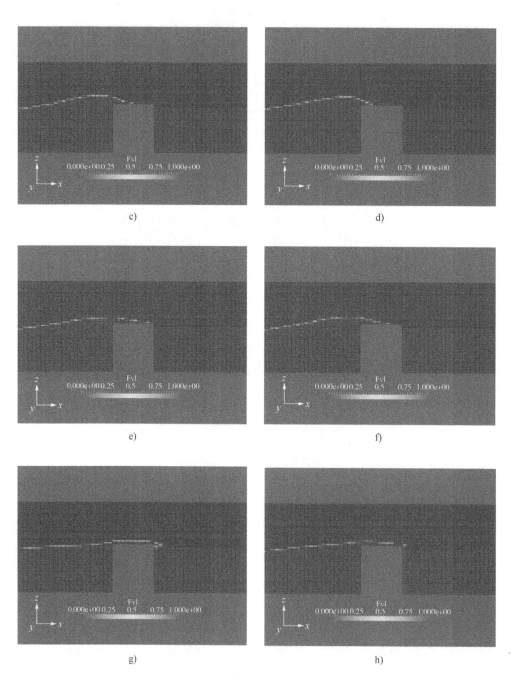

图　2-116

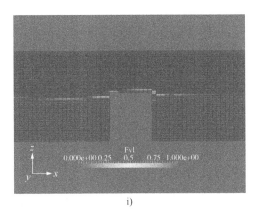
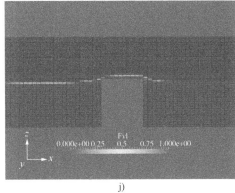

图 2-116　不同时刻的越浪过程曲线

2.9.4　展望

（1）三维 BCM+STR 和大水槽物理模型试验（2018）

接下来的工作包括耦合 BCM 与 STR 以及实现 BCM 的并行。由于离散结构物的网格尺寸往往不同,变量的传递将具有一定的难度,所以应仔细设计实现过程以满足精度要求。

另一方面,我们期望在数学模型中考虑摩擦阻力的作用。摩擦阻力对于块体的运动有很大的影响,所以有必要将其作用加入数学模型中并与大尺度的物理试验进行对比验证。

与此同时,我们考虑将 WAFS 与泥沙运动模型进行组合。应特别指出,堆石层下方的泥沙通常会被流体携带出来,这种现象对于结构的稳定性有很大的影响,至今仍是未被解决的问题,因此我们期望可以建立一种数学模型来模拟这种泥沙运动。首先,我们会将 WAFS 与基于含沙量的泥沙模型进行组合并验证其精度;然后会尝试与 BCM 进行耦合。

（2）SPH 与 CFD 耦合（2019）

水流与波浪破碎引起的泥沙运动是海岸工程领域十分常见的问题。在这类现象中,底部泥沙受到的剪切力随着流速的增加而增大,直至表层的泥沙达到屈服状态。起初悬浮起来的泥沙颗粒将沿着底部表面运动,随着流速的进一步加大,泥沙颗粒最终将悬浮至上部水流当中。传统的网格法模型在解决这类问题时往往面临着诸如识别泥沙相-流体相交界面、处理强非线性变形以及如何考虑水流挟带泥沙等问题。而近些年不断发展起来的 Lagrangian 光滑粒子模型由于具有明显的优势,可以替代传统的网格法模型来模拟这类泥沙运动。

泥沙颗粒从开始启动到悬浮至水体的过程中会呈现出不同的运动状态，其遵循的运动规律也是不同的。以往的模型中大多只考虑了泥沙颗粒的部分流变特性。具体来说，在整个运动期间泥沙颗粒的流变特性包括屈服前的剪切强度，屈服后的非牛顿流变特性以及悬浮至水体时的近似牛顿流体流变特性。由于处于不同流变特性的泥沙颗粒的应力计算方式不同，为了更加准确的描述泥沙颗粒的运动，需要在模型中考虑泥沙颗粒的不同状态。具体来说，为了描述泥沙颗粒在悬浮至水体前表现出的非牛顿流体流变特性，需要在 SPH 冲刷模型中加入 Bingham 模型，采用黏塑性流变定律计算屈服后泥沙颗粒受到的应力。对于那些悬浮至主流区的泥沙颗粒，可以采用近似牛顿流体的处理方式，但应考虑泥沙对黏性的影响。

除了应采用适当的模型描述泥沙颗粒的运动之外，SPH 冲刷模型的计算量往往是巨大的，采用更加高效的并行技术对于将 SPH 模型应用到大范围计算模拟中也是十分必要的。

3 专利、软件著作权

3.1 基于光学的波浪测量软件

2010 年 10 月,天科院自行开发的"基于光学的波浪测量软件 V1.0"取得国家版权局计算机软件著作权登记证书(图 3-1)。

图 3-1 "基于光学的波浪测量软件 V1.0"著作权登记证书

3.1.1 软件流程图(图 3-2)

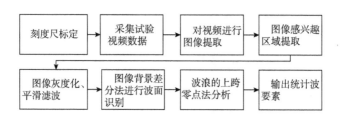

图 3-2 软件流程图

3.1.2 刻度尺标定

由于摄像机镜头曲率与安装角度的影响,使拍摄的图像不可避免地产生几何变形的现象。为了提高波浪测量精度,必须对刻度尺进行标定,即对变形的图像进行图像坐标与真实物理坐标的几何校正。

利用投影转换法建立图像坐标与真实物理坐标的关系,解出转换系数。假设图像无旋转变形,(x,y,z) 为物理坐标,(x',y') 为图像坐标,c_1、c_2、c_3、c_4、c_5、c_6、c_7、c_8、c_9、c_{10}、c_{11} 为转换系数。

$$x' = \frac{c_1 x + c_2 y + c_3 z + c_4}{c_5 x + c_6 y + c_7 z + 1} \tag{3-1}$$

$$y' = \frac{c_8 x + c_9 y + c_{10} z + c_{11}}{c_5 x + c_6 y + c_7 z + 1} \tag{3-2}$$

将以上二式整理成矩阵形式($x' = \omega x'/\omega$,$y' = \omega y'/\omega$)如下:

$$\begin{bmatrix} x'\omega \\ y'\omega \\ \omega \end{bmatrix} = \begin{bmatrix} c_1 & c_2 & c_3 & c_4 \\ c_8 & c_9 & c_{10} & c_{11} \\ c_5 & c_6 & c_7 & 1 \end{bmatrix} \begin{bmatrix} x \\ y \\ z \\ 1 \end{bmatrix} \tag{3-3}$$

转换系数 c_{12} 为坐标间的尺度变换因数,若忽略尺度大小的改变,可令其为 1,ω 为非零数,用以决定坐标转换的形式,重新整理式(3-3),得

$$\begin{bmatrix} x' \\ y' \end{bmatrix} = [c] \begin{bmatrix} x & y & z & 1 & 0 & 0 & 0 & 0 & -x'x & -x'y & -x'z \\ 0 & 0 & 0 & 0 & x & y & z & 1 & -y'x & -y'y & -y'z \end{bmatrix} \tag{3-4}$$

其中坐标转换系数 $c = [c_1 \quad c_2 \quad c_3 \quad c_4 \quad c_5 \quad c_6 \quad c_7 \quad c_8 \quad c_9 \quad c_{10} \quad c_{11}]^T$。因此,欲求解式(3-4),至少需要 6 个以上已知的实际坐标点及其所对应的图像坐标

点,以最小二乘法可求得转换系数 c。但因三维坐标转换所需的计算较为烦琐且费时,并且图像坐标在垂向的投影解析度很小,计算误差较大,需要多方向摄像以校正误差。为了减少图像校正处理的运行时间,忽略影响深度(y 方向)的影响,则式(3-4)可改写为二维投影的关系式如下:

$$\begin{bmatrix} x' \\ y' \end{bmatrix} = [c] \begin{bmatrix} x & z & 1 & 0 & 0 & 0 & -x'x & -x'z \\ 0 & 0 & 0 & x & z & 1 & -y'x & -y'z \end{bmatrix} \tag{3-5}$$

上式系数 $c = [c_1 \quad c_2 \quad c_3 \quad c_4 \quad c_5 \quad c_6 \quad c_7 \quad c_8]^T$,欲求解式(3-5),则只需 4 个以上已知的实际坐标点及其对应的图像坐标点。同理,以最小二乘法可求解出转换系数 c,即可得到图像坐标与真实物理坐标的关系。但在实际操作过程中,为了刻度尺标定更加精确,可以选取波浪运动过程中比较多的点进行最小二乘法曲线拟合。在拟合过程中,选取一组绝对误差最小的系数作为标定系数,拟合曲线见图3-3。

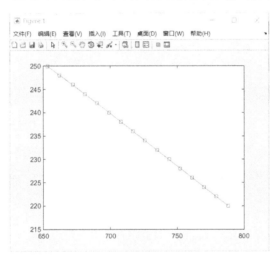

图 3-3　拟合曲线

3.1.3　文件读取

软件读取的数据为:由海康威视摄像机采集的视频数据,存储格式为 mp4;由 Visual Studio 提取图像数据,格式为 jpg。由 Matlab R2014a 读取图像数据进行波面识别。

3.1.4　图像感兴趣区域提取、灰度处理、平滑降噪滤波

感兴趣区域(Regions of Interest,ROI)这一概念,是指图像中最能引起用户兴趣、最能表现图像内容的区域。在图像处理中,从被处理的图像以方框、圆、椭圆、

不规则多边形等方式勾勒出需要处理的区域。现有的感兴趣区域算法都依赖于图像的颜色、形状、纹理等底层特征，该软件中利用的是图像形状特征，圈定出感兴趣区域进行处理，处理效果好，同时缩短了处理时间，提高了处理精度。图3-4为图像的原图和感兴趣区域提取后的图像。

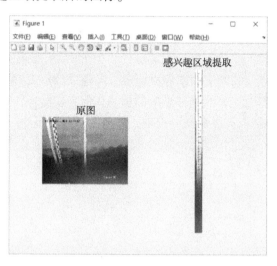

图3-4　图像的原图和感兴趣区域提取后的图像

此软件使用的是摄像机采集到的RGB彩色图像，其中每个像素点的色彩是由R、G、B三个分量共同决定。每个分量在内存所占的位数共同决定了图像深度，即每个像素点所占的字节数。以常见的24深度彩色RGB图来说，其三个分量各占1个字节，这样每个分量可以取值为0~255，这样一个像素点可以有1600多万（255×255×255）的颜色变化范围。对这样一幅彩色图来说，其对应的灰度图则是只有8位的图像深度（可认为它是RGB三个分量相等），这也说明了灰度图图像处理所需的计算量确实要少。不过需要注意的是，虽然丢失了一些颜色等级，但是从整幅图像的整体和局部的色彩以及亮度等级分布特征来看，灰度图描述与彩色图的描述是一致的。

对于RGB图像进行灰度化，通俗点说就是对图像的RGB三个分量进行加权平均得到最终的灰度值。此软件使用的就是最常见的加权方法：

$$Gray = 0.11B + 0.59G + 0.3R \qquad (3\text{-}6)$$

滤波的目的就是去除图像中的杂质部分，即噪声。在该软件中，由于光照、浪花飞溅以及水中杂质对标尺的影响，导致图像产生很多噪点，采用中值滤波消除杂质的影响。

中值滤波就是用一个含若干个点的移动窗口在图像中移动,将该区域中灰度的中值作为当前像素的灰度值。中值滤波过程中,邻域的选取与平滑效果关系很大,邻域越大,平滑效果越好,但是会造成图像边缘信息的损失,从而使图像变得模糊,影响波面的识别,所以要合理选择邻域大小。采用不同邻域的中值滤波结果如图 3-5 所示。

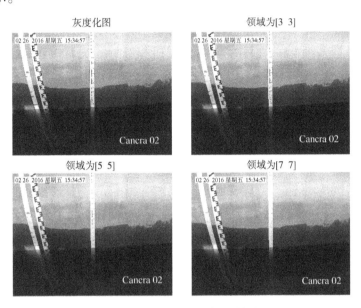

图 3-5 不同邻域的中值滤波结果

3.1.5 波面识别

背景差分法实际是对图像进行代数运算的一种不同叫法。代数运算是指对两幅输入图像进行点对点的加、减、乘、除计算得到输出图像的运算。本软件中主要用到图像减法,在进行图像处理时,对混合背景和前景的图像,人们往往对前景比较感兴趣,将前景作为主要研究对象,为了要突出所研究的对象而需要清除掉图像的背景。

假设背景图像为 $b(x,y)$,前景背景混合图像为 $f(x,y)$,则有:

$$a(x,y)=f(x,y)-b(x,y) \tag{3-7}$$

式中,$a(x,y)$ 为去除了背景的图像。

该软件中,使用 imsubtract 函数对原始图像和背景图像做减法运算,得到消去背景后的感兴趣区域图像。其背景图只需选取空水槽的静态图,摆脱了对动态目标选取背景的复杂性,阈值确定容易。最终将检测到的图像坐标值代入到刻度尺标定关系中,得到真实的物理坐标。该软件对于这种背景简单的图像处理效果好,处理速度快,精度高。图 3-6 为背景差分法过程。

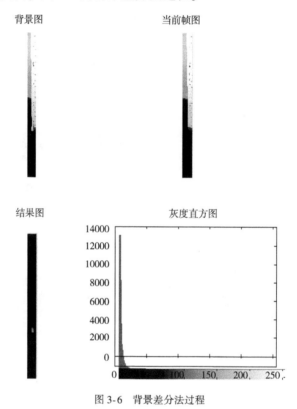

图 3-6　背景差分法过程

3.1.6　上跨零点法统计波要素

取平均水位为零线,把波面上升与零线的交点作为一个波的起点,将下一个交点作为该波的终点。因横坐标轴为时间,两个连续上跨零点的间距作为该波的周期。两点间波峰最高点和波谷最低点的垂直距离定义为波高。本软件对波高小于波列平均波高 5% 的波不予考虑。软件计算结果为:

①最大波,即波列中波高最大的波浪的波高和周期。

②1/10 大波,即波列中各波浪按波高大小排序后,取前 1/10 个波的平均波高和平均周期。

③1/4 大波,即波列中各波浪按波高大小排序后,取前 1/4 个波的平均波高和

平均周期。

④有效波,即波列中各波浪按波高大小排序后,取前 1/3 个波的平均波高和平均周期。

⑤平均波,波列中所有波浪的平均波高和平均周期。

3.1.7 软件的使用过程

①使用 Visual Studio 软件打开文件 main.cpp,输入导入视频的地址以及导出图像的地址,将采集到的视频数据转换成图像数据。

②打开 Matlab 2014a 软件,将 convert_units.m、crosgk.m、disper.m、fliterhjb2.m、jonswap.m、zero_upcrossing3.m、waveheight.m、fitting.m、test.m 文件以及转换好的图像数据放在"当前文件夹"窗口下。

③打开 fitting.m 文件,按照刻度尺标定方法将真实物理坐标值与图像坐标值分别输入到此文件下运行,得到坐标系转换系数。

④打开 waveheight.m 文件,输入背景图像以及起始图像的名称、图像总数,感兴趣区域确定范围,感兴趣区域内图像的处理范围,波面识别像素阈值,刻度尺标定转换公式。最后得到图像处理的真实物理坐标图(图 3-7)以及波高图(图 3-8)。

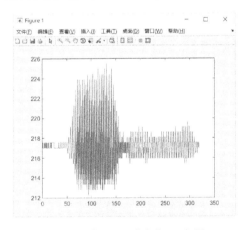
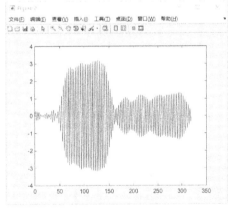

图 3-7　图像处理的真实物理坐标图　　　　　图 3-8　波高图

3.2　一种入、反射波时域分离系统

2016 年 6 月,天科院自行研发的"一种入、反射波时域分离系统"获国家知识

产权局专利,见图3-9。

图3-9 "一种入、反射波时域分离系统"专利证书

3.2.1　技术领域

本实用新型属于海洋工程领域,是一种入、反射波时域分离系统。

3.2.2　背景技术

在海洋工程中,波浪会在水工建筑物上反射,准确获得反射波的特征参数对海洋工程建筑物的设计具有重要的意义。同时,在海洋工程物理模型试验中,反射波会在造波板上发生二次反射,消除二次反射也需要对入反射波进行分离。常见的入反射波分离方法有基于波高测量的两点法和三点法。这两种方法均是通过记录水槽不同断面的水面过程进行入反射分离。这两种方法存在几个缺点:一是由于存在奇异点,因此对波高仪的布置间距有一定的限制;二是有适用频带限制,对于周期较长的重力波适用性不强,三点法虽然适用频率范围更广,但仍无法获得入射波和反射波的水面过程,也就无法准确地进行波浪统计分析。为克服上述方法的不足,本发明提出了一种基于流速和波高测量的入、反射波时域分离系统。

3.2.3　发明内容

有鉴于此,本实用新型旨在提出一种入、反射波时域分离系统。

本实用新型技术方案是这样实现的:

一种入、反射波时域分离系统,包括数据处理器、数据采集器、波高仪和流速仪,波高仪的一端露出液面一端浸入流体中,流速仪位于流体中,波高仪和流速仪布置于同一断面,数据采集器收集波高仪和流速仪反馈的信号,并传递给数据处理器。

流速仪的采样频率大于 20Hz。

流速仪为小威龙流速仪、电磁流速仪。

波高仪的采样频率大于 20Hz。

波高仪可采用电阻式或电容式波高传感器。

数据处理器为计算机。

本实用新型具有的优点和积极效果是:

本系统精度高、适用范围广、仪器布置灵活,能够得到入射波和反射波的时域过程曲线,适用于规则波和不规则波,有效提高了波浪模型试验的准确性。

3.2.4　附图说明

为了更清楚地说明本实用新型实施例或现有技术中的技术方案,下面将对实施例或现有技术描述中所需要使用的附图作简单介绍。显而易见，下面描述中的附图仅仅是本实用新型的实施例，对于本领域普通技术人员来讲，在不付出创造性劳动的前提下，还可以根据这些附图获得其他的附图。

图 3-10 是本系统的结构示意图。

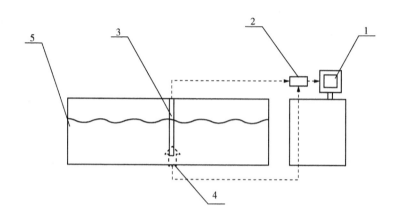

图 3-10　本系统结构示意图
1-数据处理器；2-数据采集器；3-波高仪；4-流速仪；5-水槽

具体实施方式：

下面将结合本实用新型实施例中的图 3-10，对本实用新型中的技术方案进行清楚、完整的描述。显然，所描述的实施例仅仅是本实用新型一部分实施例，而不是全部的实施例。基于本实用新型中的实施例，本领域普通技术人员在没有做出创造性劳动前提下所获得的所有其他实施例，都属于本实用新型保护的范围。在不冲突的情况下，本实用新型中的实施例及实施例中的特征可以相互组合。

在下面的描述中阐述了很多具体细节以便于充分理解本实用新型，但是本实用新型还可以采用其他不同于在此描述的其他方式来实施，本领域技术人员可以在不违背本实用新型内涵的情况下做类似推广，因此本实用新型不受下面公开的具体实施例的限制。

其次，本实用新型结合示意图进行详细描述，在详述本实用新型实施例时，为便于说明，表示装置件结构的剖面图会不依一般比例做局部放大，而且所述示意图只是示例，其在此不应限制本实用新型保护的范围。此外，在实际制作中应包含长度、宽度及高度的三维空间尺寸。

在本实用新型的描述中,需要理解的是,术语"中心""纵向""横向""上""下""前""后""左""右""竖直""水平""顶""底""内""外"等指示的方位或位置关系为基于图 3-11 所示的方位或位置关系,仅是为了便于描述本实用新型和简化描述,而不是指示或暗示所指的装置或元件必须具有特定的方位、以特定的方位构造和操作,因此不能理解为对本实用新型的限制。此外,术语"第一""第二"等仅用于描述目的,而不能理解为指示或暗示相对重要性或者隐含指明所指示的技术特征的数量。由此,限定有"第一""第二"等的特征可以明示或者隐含地包括一个或者更多个该特征。在本实用新型的描述中,除非另有说明,"多个"的含义是两个或两个以上。

在本实用新型的描述中,需要说明的是,除非另有明确的规定和限定,术语"安装""相连""连接"应做广义理解。例如,可以是固定连接,也可以是可拆卸连接,或一体地连接;可以是机械连接,也可以是电连接;可以是直接相连,也可以通过中间媒介间接相连,可以是两个元件内部的连通。对于本领域的普通技术人员而言,可以通过具体情况理解上述术语在本实用新型中的具体含义。

$$u = \left(\frac{gk}{\omega} K_u \right) \times \eta \tag{3-8}$$

$$K_u = \frac{\cosh k(h + z_u)}{\cosh(kh)} \tag{3-9}$$

式中,u 为水平流速;η 为水面过程;k 为波数;ω 为角频率;K_u 表征下层水质点和表层水质点流速之间的比例关系,称为速度响应因子。将上述运动学关系式进行傅立叶变换可得频域上的流速与水面过程关系,如式(3-10)所示。

$$F_u = \left(\frac{gk}{\omega} K_u \right) \times F_\eta \tag{3-10}$$

因此,入射波和反射波分别能表示为:

$$F_{u,i} = \left(\frac{gk}{\omega} K_u \right) \times F_{\eta,i} \tag{3-11}$$

$$F_{u,r} = \left(\frac{gk}{\omega} K_u \right) \times F_{\eta,r} \tag{3-12}$$

由于实测水面过程为入射波水面过程和反射波水面过程的叠加,在频域上可表示为入射波和反射波的叠加,如式(3-13)所示:

$$F_\eta = F_{\eta,i} + F_{\eta,r} \tag{3-13}$$

其中,下标 i 表示入射波,r 表示反射波。

同理,水质点运动水平分速度在频域上存在式(3-13)表示的关系:

$$F_u = F_{u,i} + F_{u,r} \qquad (3\text{-}14)$$

联立式(3-11)~式(3-14)则可以得到入射波和反射波在频域上的值,如式(3-15)和式(3-16)所示。

$$F_{\eta,i} = \frac{\left(\dfrac{gk}{\omega}K_u\right) \times F_\eta + F_u}{2\dfrac{gk}{\omega}K_u} \qquad (3\text{-}15)$$

$$F_{\eta,r} = \frac{\left(\dfrac{gk}{\omega}K_u\right) \times F_\eta - F_u}{2\dfrac{gk}{\omega}K_u} \qquad (3\text{-}16)$$

由于完整地保留了实部和虚部,F_η 的模表征了波的振幅,实部和虚部的比值表征了波的相位角,所以对其进行傅立叶逆变换即可得到水面过程线。

如图3-7所示,本实用新型包括数据处理器(计算机)1、数据采集器2、波高仪3、流速仪4和水槽5,水槽长45m、宽1m、高1m,波高仪3为电阻式波高传感器,安装在水槽5的内壁上,且波高仪3一半露出水面一半浸入水中,流速仪4为小威龙流速仪,安装于波高仪3所处断面的中间位置,且流速仪4的测量探头距水槽底部20cm,数据采集器2收集波高仪3和流速仪4反馈的信号,并传递给数据处理器1。

试验时,波高仪3和流速仪4的采样频率均为20Hz,同时开启并同步测量所在断面的波高过程值和流速值,并通过所述数据采集器2传输到计算机中,经过式(3-8)~式(3-16)的计算,利用傅立叶变换和傅立叶逆变换技术,分析记录的波高过程曲线和水平流速过程曲线,得到入射波和反射波的时域过程曲线,计算得到波浪的特征参数。

以上对本实用新型的实施例进行了详细说明,但所述内容仅为本实用新型的较佳实施例,不能被认为用于限定本实用新型的实施范围。凡依本实用新型申请范围所做的均等变化与改进等,均应仍归属于本实用新型的专利涵盖范围之内。

3.3　一种透水管沙滩养滩方法及专用透水管

2016年2月,天科院自行研发的"一种透水管沙滩养滩方法及专用透水管"获国家知识产权局专利,见图3-11。

证书号第1951976号

发明专利证书

发 明 名 称：一种透水管沙滩养滩方法及专用透水管

发　　明　　人：陈汉宝;赵海亮;陈松贵;左志刚;杨会利;李双喜;张亚敬
　　　　　　　　周然;周军;刘海成

专　　利　　号：ZL 2014 1 0803562.X

专利申请日：2014 年 12 月 23 日

专利权人：交通运输部天津水运工程科学研究所

授权公告日：2016 年 02 月 10 日

　　本发明经过本局依照中华人民共和国专利法进行审查，决定授予专利权，颁发本证书
并在专利登记簿上予以登记。专利权自授权公告之日起生效。

　　本专利的专利权期限为二十年，自申请日起算。专利权人应当依照专利法及其实施细
则规定缴纳年费。本专利的年费应当在每年 12 月 23 日前缴纳。未按照规定缴纳年费的，
专利权自应当缴纳年费期满之日起终止。

　　专利证书记载专利权登记时的法律状况。专利权的转移、质押、无效、终止、恢复和
专利权人的姓名或名称、国籍、地址变更等事项记载在专利登记簿上。

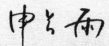

局长
申长雨

2016年02月10日

第 1 页（共 1 页）

图 3-11　"一种透水管沙滩养滩方法及专用透水管"专利证书

3.3.1 技术领域

本发明属于海岸保护工程技术领域,是一种沙滩保护和养滩技术,即利用透水管进行沙滩养滩的方法。

3.3.2 背景技术

随着全球气候的变化和人类活动的加剧,海岸侵蚀已成为世界性的灾害。据政府间气候变化专业委员会估计,世界上70%的砂质海岸正在遭受侵蚀。由于我国大部分海岸线属于砂质海岸,因此海岸侵蚀十分严重,平均岸线蚀退率大于1.1m/a,局部达到5.5m/a或更大。现有的沙滩养滩技术主要是通过向海滩大量抛沙,并同时建造一字坝、丁坝等硬工程,促使受蚀海滩增宽和稳定。传统的养滩技术从一定程度上解决了沙滩侵蚀的问题,但也存在明显的不足。一方面大量的人工抛沙和硬工程措施需要极大的资金投入,而且后期根据侵蚀情况需要定期进行人工补沙,维护成本高;另一方面突出水面的一字坝、丁坝等硬工程措施破坏了沙滩的自然美感和亲水环境,降低了海滨地区的旅游资源价值。

3.3.3 发明内容

本发明的目的是为了解决传统养滩技术的不足,提出了一种透水管沙滩养滩方法以及专用透水管。此方法特别适合于侵蚀型砂质海岸的保护。

本发明提供的沙滩养滩专用透水管包括管体,管体四周设有透水缝,管体上端设有管帽,管帽中间留有透气孔,透气孔用防沙多孔材料封堵。所述透水管管体四周的透水缝为水平透水缝。所述水平透水缝成组设置,各组之间沿轴向和周向均留有间隔。所述的管体和管帽为PVC材质,管帽通过螺纹与透水管管体连接。

本发明提供的透水管沙滩养滩方法是,在波浪破碎带至波浪最高爬高线之间间隔布置所述的透水管。所述的透水管可以平行布置,也可以交错布置。

本发明方法的主要施工工艺包括:测量定位、开挖坑槽、打入钢套管、连接抽沙水泵、抽沙、放置透水管、拔出钢套管和回填覆盖。

参见图3-12~图3-15。

本发明相对于传统的养滩措施具有以下优点和效果:

透水管沙滩养滩方法施工简单方便,初期投入小,且后期维护成本很低。

沙滩透水管埋入沙滩中,无其他辅助工程措施,不会破坏原有沙滩的自然美感和亲水环境,极大地提高了海滨地区的旅游资源价值。

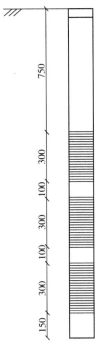

图 3-12　侧视图(尺寸单位:mm)

图 3-13　立面图(尺寸单位:mm)

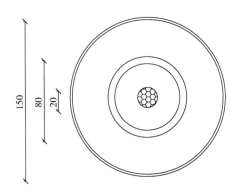

图 3-14　俯视图(尺寸单位:mm)

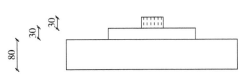

图 3-15　管帽(尺寸单位:mm)

3.4 一种用于海岸防护性工程的五杆型护面块体

2016 年 3 月，天科院自行开发的技术"一种用于海岸防护性工程的五杆型护面块体"获国家知识产权局专利，见图 3-16。

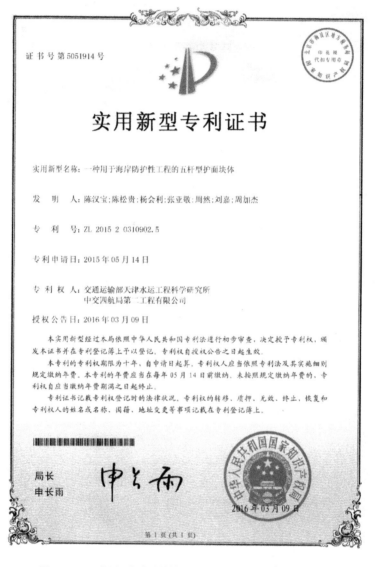

图 3-16 "一种用于海岸防护性工程的五杆型护面块体"专利证书

3.4.1 技术领域

本实用新型护面块体是一种五杆型护面块体,适用于外海港口防波堤、填海造陆围堤、人工岛护岸和快速成岛技术等承受深水大浪作用的各种防护性工程。

3.4.2 背景技术

护面块体一般用于港口防波堤、围堤、护岸等防护性工程,通过削弱波浪的冲击力减少波浪对建筑物结构的破坏,利用块体间相互勾连、嵌固,发挥护面群体作用,达到保护建筑物的效果,多为人工块体。所述新型护面块体的结构特点主要表现为:一是勾连咬合型,发挥块体之间的咬合力,以提高整个护面的稳定性;二是设法提高单体的消浪效果和稳定性能。前者以工字形块体为代表,后者以各种空心块体为代表,如网状空心方块、SHED 空心块、以及螺帽块体等,都是利用波浪作用于块体后,通过水流在块体内部的搅动消能来提高块体自身稳定性的。

随着世界各国水运事业的逐步发展。港工建筑物逐渐向离岸深水推进,像我国南海海域、北印度洋海域、南太平洋海域水深较深、风浪较大。防护性建筑断面设计有明显的坡脚、斜坡、戗台和坡顶,因此对于新型护面块体研发需考虑该块体对坡脚的适应性、斜坡最多块体的个数和相互咬合的特性,另外在外海深水大浪作用下,块体受到的结构应力也相应增加,需考虑新研制的块体在形状上的设计应更粗壮,提高稳定重量。

传统的勾连咬合型护面块体为不规则摆放,如规则摆放块体间不易形成勾连,整体稳定性较差,而越来越多的景观护岸、人工岛采用规则摆放,这就对勾连咬合型护面块体结构稳定、消浪性能提出更高要求。

3.4.3 发明内容

本实用新型护面块体的目的是:针对上述技术分析,提供一种适用于深水大浪的五杆型护面块体,该块体间咬合力大、稳定性高、抗波浪打击能力强,对边坡地形的适应性强,节省混凝土用量且施工方便。

本实用新型护面块体的技术方案:一种五杆型护面块体,采用坡脚棱体结构,由一根竖向杆体和四根横向杆体构成,四根横向杆体垂直交叉组成十字架结构,竖向杆体在十字架的一侧并与十字架垂直,十字架的另一侧为平面,竖向杆体和横向杆体肢杆的长度和厚度均为十字架长度的1/3,竖向杆体和横向杆体肢杆的所有条边均进行倒角处理。

本实用新型护面块体的技术分析:该五杆型护面块体杆件都集中在中间,与传统人工块体(扭工字块体、扭工字块体)进行试验对比,可有效减小在波浪冲击作用下因块体间相互碰撞而导致杆件断裂。本实用新型护面块体底部为平面,接触面积较一般护面块体大,稳定性较好,尤其适用于各类挡水建筑物的护底及防波堤的平肩台的块体防护。该人工块体可直接作为人工坡脚棱体,用于护岸、防波堤堤脚防护,较传统断面采用的棱体块石相比,较大地提高了堤脚的稳定性。选择单层铺砌的块体进行对比,该五杆型护面块体体积为 $V=0.192h^3$,五杆型护面块体较目前应用的同类护面块体节省混凝土 5%以上,在相同的体积条件下,五杆型护面块体铺设面积大于扭王字块,节省混凝土用量。

本实用新型护面块体的有益效果是:该块体间咬合力大、稳定性高、抗波浪打击能力强,对边坡地形的适应性强,节省混凝土用量且施工方便,特别适用于外海港口防波堤、填海造陆围堤、人工岛护岸和快速成岛技术等承受深水大浪作用的各种防护性工程。

附图说明:

图 3-17 是五杆型护面块体俯视结构示意图。

图 3-18 是五杆型护面块体正视结构示意图。

图 3-19 是五杆型护面块体在斜坡式防波堤的规则摆放正视结构示意图。

图中:1.竖向杆体,2.横向杆体。

具体实施方式:

为能进一步了解本实用新型护面块体的发明内容列举以下实施例,并配合附图详细说明。

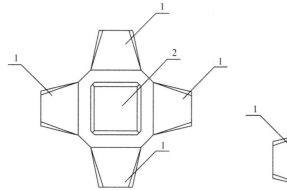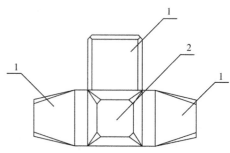

图 3-17　五杆型护面块体俯视结构示意图
1-竖向杆体;2-横向杆体

图 3-18　五杆型护面块体正视结构示意图
1-竖向杆体;2-横向杆体

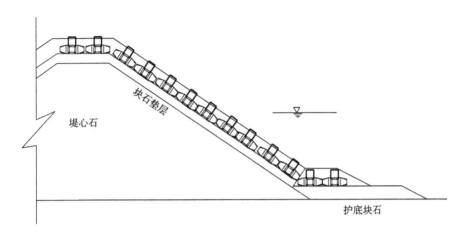

图 3-19　五杆型护面块体在斜坡式防波堤的规则摆放正视结构示意图

实施例：

一种五杆型护面块体，采用坡脚棱体结构，由一根竖向杆体和四根横向杆体构成，四根横向杆体垂直交叉组成十字架结构，竖向杆体在十字架的一侧并与十字架垂直，十字架的另一侧为平面，竖向杆体和横向杆体肢杆的长度和厚度均为十字架长度的三分之一，竖向杆体和横向杆体肢杆的所有条边均进行倒角处理。

根据工程使用要求确定五杆型块体重量，块体稳定重量采用国内外常用的美国 HUDSON 公式：

$$W = 0.1 \frac{\gamma_b H^3}{K_D \left(\dfrac{\gamma_b}{\gamma} - 1 \right)^3 \mathrm{ctg}\alpha} \tag{3-17}$$

式中：W——单个块体的稳定重量(t)；

$\quad \gamma_b$——块体材料的重度($\mathrm{kN/m^3}$)；

$\quad H$——设计波高(m)；

$\quad K_D$——稳定系数；

$\quad \gamma$——水的重度($\mathrm{kN/m^3}$)；

$\quad \alpha$——斜坡与水平面的夹角。

例如，单个块体重量 1.25t，块体材料混凝土密度 $2300\mathrm{kg/m^3}$ 考虑，经计算 $h = 1.417\mathrm{m}$，根据尺寸关系计算得：(计算结果保留三位小数)

h——块体长度、宽度、高度；a——横向肢杆棱台宽度；b——横向肢杆矩形台宽度；c——横向肢杆棱台倒角宽度；d——横向肢杆顶面长度；e——竖向肢杆长度；f——竖向肢杆顶端倒角宽度；V——块体体积。

尺寸关系如下：$a = 0.359\text{m}$

$b = 0.113\text{m}$

$c = 0.079\text{m}$

$d = 0.315\text{m}$

$e = 0.472\text{m}$

$f = 0.035\text{m}$

h——块体长度、宽度、高度；a——左右及前后肢杆棱台宽度；b——左右及前后肢杆矩形台宽度；c——左右及前后肢杆棱台倒角宽度；d——左右及前后肢杆顶面长度；e——竖肢杆长度；f——竖肢杆顶端倒角宽度；V——块体体积。

尺寸关系如下：$a = 0.253h$

$b = 0.080h$

$c = 0.056h$

$d = 0.222h$

$e = 0.333h$

$f = 0.025h$

$V = 0.192h^3$

由以上计算数据就可以设计模板尺寸，进行块体预制。五杆型块预制采用定型组合钢模板，混凝土分层浇筑入模、振捣、浇筑完毕进行抹面压实。在混凝土满足拆模强度时进行拆模，然后进行养护、储存、使用。

块体安装采用定点定位随机安放工艺或是规则摆放工艺；安放时应自下而上安放。块体安装应满足《水运工程质量检验标准》（JTS 257—2008）的有关规定，还应满足设计要求。

尽管上面结合附图对本实用新型护面块体优选实施例进行了描述，但是本实用新型护面块体并不局限于上述的具体实施方式，上述的具体实施方式仅仅是示意性的，并不是限制性的，本领域的普通技术人员在本实用新型护面块体的启示下，在不脱离本实用新型护面块体宗旨和权利要求所保护的范围情况下，还可以做出很多形式，这些均属于本实用新型护面块体的保护范围之内。

3.5　一种基于力矩反馈的主动吸收式推板造波装置

2016 年 6 月，天科院的"一种基于力矩反馈的主动吸收式推板造波装置"获国家知识产权局专利，见图 3-20。

实用新型专利证书

证书号 第5413628号

实用新型名称：一种基于力矩反馈的主动吸收式推板造波装置

发 明 人：吴汉宏；张明；刘桂香；熊庆书；张春水；吴钦平；周超
蔡广东；周晓敏；吴；林；丘志明

专 利 号：ZL 2015 2 1144440.4

专利申请日：2015年12月31日

专 利 权 人：交通运输部天津水运工程科学研究所

授权公告日：2016年06月29日

本实用新型经过本局依照中华人民共和国专利法进行初步审查，决定授予专利权，颁发本证书并在专利登记簿上予以登记。专利权自授权公告之日起生效。

本专利权的期限为十年，自申请日起算。专利权人应当按照专利法及其实施细则规定缴纳年费。本专利的年费应当在每年12月31日前缴纳。未按照规定缴纳年费的，专利权自应当缴纳年费期满之日起终止。

专利证书记载专利权登记时的法律状况。专利权的转移、质押、无效、终止、恢复和专利权人的姓名或名称、国籍、地址变更等事项记载在专利登记簿上。

局长 申长雨

图 3-20 "一种基于力矩反馈的主动吸收式推板造波装置"专利证书

3.5.1　技术领域

本发明创造属于船舶与海洋工程的试验装置领域，是一种基于力矩反馈的主动吸收式推板造波技术。

3.5.2　背景技术

造波技术是船舶和海洋工程实验室中必要的试验装置，常见的造波技术分为两种：推板式和摇板式。在中浅水水槽或水池中，主要采用推板式造波技术。由于水工建筑物及池壁的影响，反射波会在造波板上发生二次反射，从而使造波机产生的波浪与目标波浪发生偏差，特别是长时间的不规则波浪试验，二次反射的不利影响会使试验结果产生严重偏差。为消除二次反射，目前我国大多数推板式造波机采用了基于水位反馈的主动吸收式造波技术，该技术的基本原理是在造波板前设置一个或多个水位传感器，通过测量到的反射波的波高信息，控制造波机产生一振幅相同、相位相反的波浪，进而抵消反射波的影响。但水位传感器存在着测量精度低，易受环境影响的缺点，且由于水位传感器往往要安置于距离造波板一定距离的位置，测量到的并不是板前的实时水位，从而使得反射波的消除并不理想。

3.5.3　发明内容

有鉴于此，本发明创造旨在提出一种基于力矩反馈的主动吸收式推板造波装置，以解决现有技术中的不足。

为达到上述目的，本发明创造的技术方案是这样实现的：

一种基于力矩反馈的主动吸收式推板造波装置，包括工控机、控制器、伺服电机、力矩传感器、吸收滤波器和推板，工控机与控制器连接，用于传输造波机位置信号；控制器与伺服电机相连，根据接收的信号驱动伺服电机转动；伺服电机通过机械结构带动推板运动；力矩传感器位于伺服电机中，用来实时采集电机输出扭矩；吸收滤波器一端与力矩传感器连接，接受采集到的实时扭矩，另一端与控制器连接，将反馈修正后的运动信号发送给控制器。

本发明创造的造波方法如下，在无反射波作用在造波板上的情况下，通过伺服电机里的力矩传感器实测产生波序列 $X(t)$ 的理论扭矩值 $T(t)$，在有建筑物存在后，波浪碰到建筑物后产生反射波，反射波传播到推板处，会对推板产生压力，此时通过力矩传感器实测得到实际的扭矩 $T'(t)$，$T'(t)$ 反馈到吸收滤波器，吸收滤波器对 $T(t)$ 和 $T'(t)$ 进行比较分析，将力矩修正信号发送给控制器，控制器根据力矩修正信号修正位置信号进而驱动伺服电机，带动造波板在试验水槽中往复运动，消除二次反射波的影响,产生长时间稳定的规则波或不规则波序列。

相对于现有技术,本发明创造所述的造波装置具有精度高、受环境影响小,反馈信号获取方便、快捷等优点。本发明创造的造波技术可产生长时间稳定的规则波和随机波序列,提高了波浪模型试验的准确性。

3.5.4 附图说明

构成本发明创造的一部分的附图用来提供对本发明创造的进一步理解,本发明创造的示意性实施例及其说明用于解释本发明创造,并不构成对本发明创造的不当限定。在附图中:

图 3-21 为本发明创造实施例所述的造波技术流程图;

图 3-22 为本发明创造实施例所述的工作状态结构示意图。

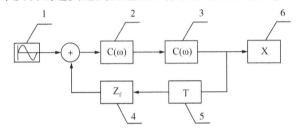

图 3-21 造波技术流程图

1-工控机;2-控制器;3-伺服电机;4-吸收滤波器;5-力矩传感器;6-推板

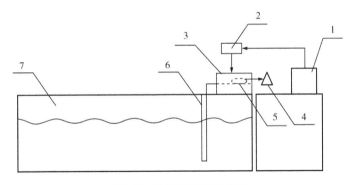

图 3-22 工作状态结构示意图

1-工控机;2-控制器;3-伺服电机;4-吸收滤波器;5-力矩传感器;6-推板;7-试验水槽

3.5.5 具体实施方式

需要说明的是,在不冲突的情况下,本发明创造中的实施例及实施例中的特征可以相互组合。

下面将参考附图并结合实施例来详细说明本发明创造。

本发明创造提供的基于力矩反馈的主动吸收式造波原理是,反射波的存在会影响推板受力,进而影响伺服电机扭矩;因此,在造波过程中,利用力矩传感器实时采集伺服电机的输出扭矩,通过吸收滤波器与无反射条件下的理论扭矩进行比较,实时反馈修正运动信号,达到主动吸收式造波的目的。

基于以上原理,本发明创造提供了一种基于力矩反馈的主动吸收式推板造波装置,包括工控机1、控制器2、伺服电机3、吸收滤波器4、力矩传感器5、推板6。其中工控机1与控制器2连接,用于传输造波机位置信号;控制器2与伺服电机3相连,根据接收的信号驱动伺服电机3转动;伺服电机3通过机械结构带动造波推板6运动;力矩传感器5位于伺服电机3中,用来实时采集电机输出扭矩;吸收滤波器4一端与力矩传感器5连接,接受采集到的实时扭矩,另一端与控制器2连接,将反馈修正后的运动信号发送给控制器2。

工控机1产生造波板运动信号、运动信号传递给控制器2、控制器2控制伺服电机3转动、力矩传感器5测量伺服电机3扭矩、吸收滤波器4比较测量扭矩与理论扭矩并将修正信号反馈给控制器2、控制器2用修正后运动信号控制伺服电机3转动、伺服电机3驱动造波推板6运动。

本发明创造的造波方法具体为,在无反射波作用在造波板上的情况下,通过伺服电机3里的力矩传感器5实测产生波序列 $X(t)$ 的理论扭矩值 $T(t)$,在有建筑物存在后,波浪碰到建筑物后产生反射波,反射波传播到推板6处,会对推板6产生压力,此时通过力矩传感器5实测得到实际的扭矩 $T'(t)$,$T'(t)$ 反馈到吸收滤波器4,吸收滤波器4对 $T(t)$ 和 $T'(t)$ 进行比较分析,将力矩修正信号发送给控制器2,控制器2根据力矩修正信号修正位置信号进而驱动伺服电机3,带动造波推板6在试验水槽7中往复运动,消除二次反射波的影响,产生长时间稳定的规则波或不规则波序列。

以上所述仅为本发明创造的较佳实施例而已,并不用以限制本发明创造,凡在本发明创造的精神和原则之内,所做的任何修改、等同替换、改进等,均应包含在本发明创造的保护范围之内。

3.6　一种实验室非接触式波浪测量装置

2016年7月,天科院研发的"一种实验室非接触式波浪测量装置"获国家知识产权局专利,见图3-23。

证书号　第5245112号

实用新型专利证书

实用新型名称：一种实验室非接触式波浪测量装置

发　明　人：陈松贵；郑宝友；张　华；马　殿；马福昌；冠海先；赵洪波；邢云亮；左志刚；楊允火；赵亚敏；刘觉汝

专　利　号：ZL 20 5 2 144438.3

专利申请日：2015 年 12 月 31 日

专　利　权　人：交通运输部天津水运工程科学研究所

授权公告日：2016 年 07 月 06 日

本实用新型经过本局依照中华人民共和国专利法进行初步审查，决定授予专利权，颁发本证书并在专利登记簿上予以登记。专利权的授权公告日即授权。

本专利的专利权期限为十年，自申请日起算。专利权人应当依照专利法及其实施细则规定缴纳年费。本专利的年费应当在每年 12 月 31 日前缴纳。未按规定缴纳年费的，专利权从应当缴纳年费期满之日起终止。

专利证书记载专利权登记时的法律状况。专利权的转移、质押、无效、终止、恢复和专利权人的姓名或名称、国籍、地址变更等事项记载在专利登记簿上。

局长
申长雨

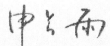

2016 年 07 月 06 日

第 1 页（共 1 页）

图 3-23　"一种实验室非接触式波浪测量装置"专利证书

3.6.1 技术领域

本实用新型技术属于海洋工程试验领域，是一种实验室非接触式波浪测量装置。

3.6.2 背景技术

波浪测量装置是船舶和海洋工程实验室中必要的试验装置，常用的波浪测量装置为接触式，主要包括：电阻式波高传感器和电容式波高传感器等。此类波高传感器的基本原理是：将两根电阻或电容细丝垂直地放置在水中，细丝的底部联通，顶端分别与电源正负极连接形成回路，水位的变化会引起电路中电阻或电容的变化，通过建立水位与电阻或电容的关系，来得到测量水位值。接触式测量的主要缺点是电阻或电容受环境影响大，测量精度不高，另外接触式的测量对试验会产生影响，且在波高较大时易损坏。而目前使用的非接触测量装置主要为超声波式或电磁波式，这种非接触测量的主要原理是基于超声波和电磁波在水面的反射，通过分析反射波的特性得到水位信息。该方法的主要缺点是测量精度取决于发射器功率，且装置较为复杂，价格高。为改进上述波浪测量装置的不足，需要开发了一种测量精度高、受环境影响小的非接触式波浪测量装置。

3.6.3 发明内容

有鉴于此，本实用新型技术旨在提出一种实验室非接触式波浪测量装置。

本实用新型技术方案是这样实现的：

一种实验室非接触式波浪测量装置，包括数据处理器、图像采集器、标尺和摄像机，标尺垂直设置于测量对象附近，摄像机的摄像范围涵盖全部标尺区域，图像采集器将摄像机反馈的数据传递给数据处理器。

进一步，标尺的数量为至少一个。

再进一步，数据处理器为计算机。

更进一步，摄像机为高清摄像机。

本装置采集波高的主要程序包括：仪器安装、高度标定、图像采集、数据处理和结果输出。

本实用新型技术具有的优点和积极效果是：本装置采用图像识别方法非接触测量，测量精度高、受环境影响小，避免了原有波高传感器对试验的影响，并克服了试验仪器易损耗的缺点，具有较高的保证率，试验装置易安装、成本低，测量范围广，同一装置能够同时记录下若干不同位置的波浪信息。

3.6.4 附图说明

为了更清楚地说明本实用新型技术实施例或现有技术中的技术方案,下面将对实施例或现有技术描述中所需要使用的附图作简单地介绍,显而易见地,下面描述中的附图仅仅是本实用新型技术的实施例,对于本领域普通技术人员来讲,在不付出创造性劳动的前提下,还可以根据这些附图获得其他的附图。在附图中:

图 3-24 为本实用新型技术的工作状态结构示意图。

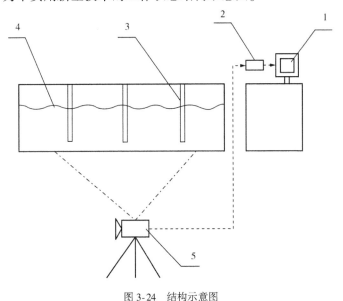

图 3-24　结构示意图

1-数据处理器;2-图像采集器;3-标尺;4-水槽;5-高清摄像机

3.6.5 具体实施方式

下面将结合本实用新型实施例中的附图,对本实用新型技术实施例中的技术方案进行清楚、完整地描述,显然,所描述的实施例仅仅是本实用新型技术一部分实施例,而不是全部的实施例。基于本实用新型技术中的实施例,本领域普通技术人员在没有做出创造性劳动前提下所获得的所有其他实施例,都属于本实用新型保护的范围,在不冲突的情况下,本实用新型技术中的实施例及实施例中的特征可以相互组合。

在下面的描述中阐述了很多具体细节以便于充分理解本实用新型技术,但是本实用新型技术还可以采用其他不同于在此描述的其他方式来实施,本领域技术人员可以在不违背本实用新型技术内涵的情况下做类似推广，因此本实用新型技术不受下面公开的具体实施例的限制。

其次，本实用新型技术结合示意图进行详细描述，在详述本实用新型技术实施例时，为便于说明，表示装置件结构的剖面图会不依一般比例作局部放大，而且所述示意图只是示例，其在此不应限制本实用新型技术保护的范围。此外，在实际制作中应包含长度、宽度及高度的三维空间尺寸。

在本实用新型技术的描述中，需要理解的是，术语"中心""纵向""横向""上""下""前""后""左""右""竖直""水平""顶""底""内""外"等指示的方位或位置关系为基于附图所示的方位或位置关系，仅是为了便于描述本实用新型技术和简化描述，而不是指示或暗示所指的装置或元件必须具有特定的方位、以特定的方位构造和操作，因此不能理解为对本实用新型技术的限制。此外，术语"第一""第二"等仅用于描述目的，而不能理解为指示或暗示相对重要性或者隐含指明所指示的技术特征的数量。由此，限定有"第一""第二"等的特征可以明示或者隐含地包括一个或者更多个该特征。在本实用新型技术的描述中，除非另有说明，"多个"的含义是两个或两个以上。

在本实用新型技术的描述中，需要说明的是，除非另有明确的规定和限定，术语"安装""相连""连接"应做广义理解，例如，可以是固定连接，也可以是可拆卸连接，或一体地连接；可以是机械连接，也可以是电连接；可以是直接相连，也可以通过中间媒介间接相连，可以是两个元件内部的连通。对于本领域的普通技术人员而言，可以通过具体情况理解上述术语在本实用新型技术中的具体含义。

本实用新型技术的工作原理：

在图像中，像素点的位置坐标和该点的垂直高度存在着一一对应的关系，通过图像识别程序分析水面与标尺的相对位置，能够很容易地得到水面的高度信息，即该位置的水位值，进而得到波高、周期等信息。

如图3-24所示，本实用新型包括数据处理器（计算机）1、图像采集器2、标尺3、水槽4和高清摄像机5，三个所述标尺3垂直设置于水槽4的前壁且间隔相等，所述高清摄像机5的摄像范围涵盖全部标尺区域，所述图像采集器2将所述高清摄像机5反馈的数据传递给所述数据处理器1。

本实用新型的工作程序：

首先，在无水条件下，将三个标尺3垂直设置于测量对象（水槽4）的前壁需要测量的位置，并将高清摄像机5固定在标尺3对面，并对标尺3进行率定；在水槽4内加水至三分之二高度，水槽内设有造波装置；试验时，通过图像采集器2实时地将带有标尺3的图像传输至计算机1中，利用图像识别软件，分析记录相应水位信息,即可测量规则波、不规则波和孤立波等各种波浪的波高,尤其能够测量得到波浪破碎后的波高。

试验表明,测量得到的波高误差为 2mm,具有良好的精度。

本发明的优点是:测量精度高、受环境影响小,非接触测量避免了原有波高传感器对试验的影响,并克服了试验仪器易损耗的缺点,具有较高的保证率;试验装置易安装、成本低、测量范围广,同一装置能够同时记录下若干不同位置的波浪信息。

以上对本实用新型技术的实施例进行了详细说明,但所述内容仅为本实用新型技术的较佳实施例,不能被认为用于限定本实用新型技术的实施范围。凡依本实用新型技术申请范围所作的均等变化与改进等,均应仍归属于本实用新型技术的专利涵盖范围之内。

3.7　一种加强型扭工字护面块体

2016 年 8 月,天科院研发的"一种加强型扭工字护面块体"获国家知识产权局专利,见图 3-25。

3.7.1　技术领域

本实用新型护面块体用于港口防波堤、围堤、护岸的防护性工程,是一种加强型扭工字护面块体。

3.7.2　背景技术

护面块体一般用于港口防波堤、围堤、护岸等防护性工程,通过削弱波浪的冲击力减少波浪对建筑物结构的破坏,利用块体间相互勾连、嵌固,发挥护面群体作用,达到保护建筑物的效果,多为人工块体。对于新型护面块体的研究,研究的出发点主要表现为:一是勾连咬合型,发挥块体之间的咬合力,以提高整个护面的稳定性;二是设法提高单体的消浪效果以使其稳定。前者以扭工、扭王字形块体为代表,后者以各种空心块体为代表,如网状空心方块、SHED 空心块以及螺帽块体等,都是利用波浪作用于块体后,通过水流在块体内部的搅动消能来提高块体自身稳定性的。

随着世界各国水运事业的逐步发展。港工建筑物逐渐向离岸深水推进,像我国南海海域、北印度洋海域、南太平洋海域水深较深、风浪较大,在外海深水大浪作用下,块体受到的结构应力也相应增加。常用的扭工字块护面块体虽然结构简单,但体积较大的扭工字块由于横杆与竖杆之间连接强度差,易于折断,制约其在大浪条件下的使用。

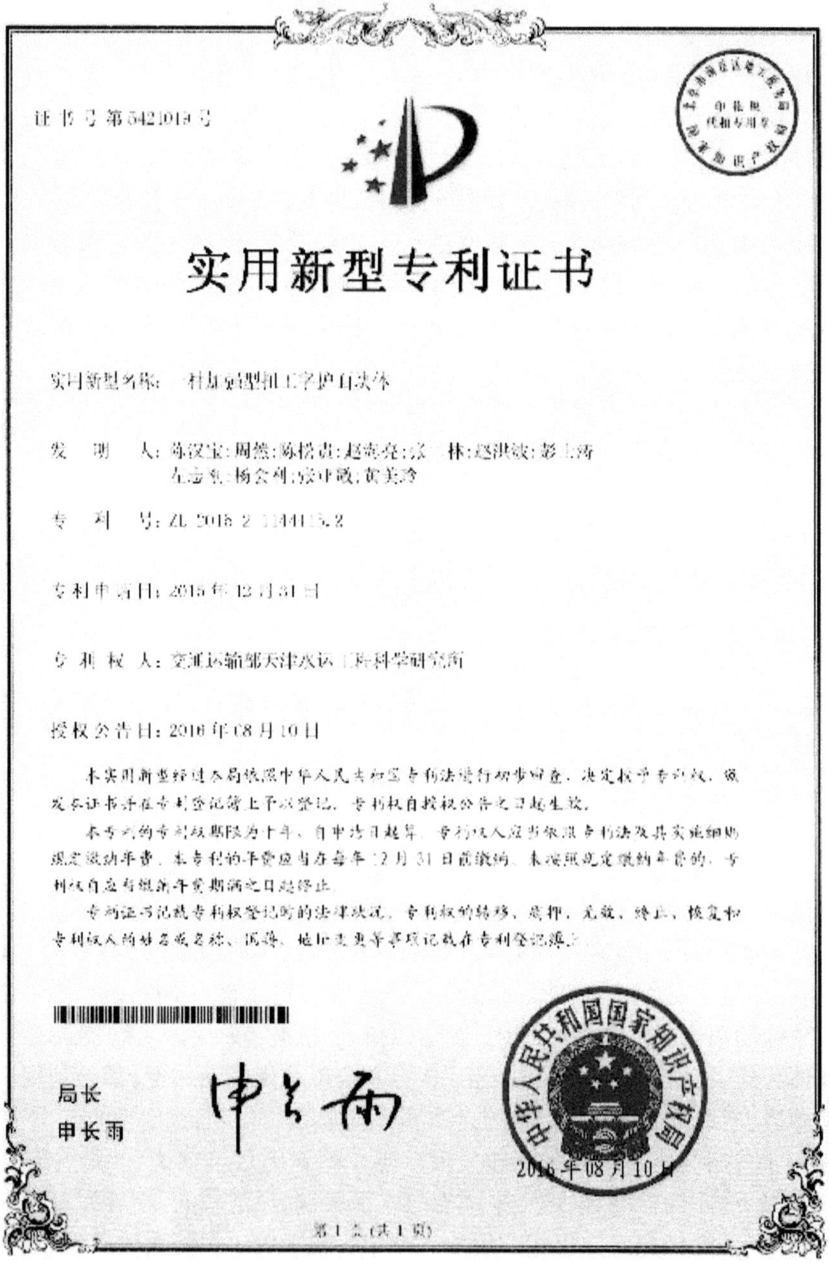
证书号第5421019号

实用新型专利证书

实用新型名称：一种加强型扭工字护面块体

发　明　人：陈汉宝；周然；陈松贵；赵鹏亮；[illegible]林；赵洪波；彭士涛；左志军；杨会利；[illegible]中[illegible]；黄美玲

专　利　号：ZL 2015 2 [illegible].2

专利申请日：2015年12月31日

专利权人：交通运输部天津水运工程科学研究所

授权公告日：2016年08月10日

本实用新型经过本局依照中华人民共和国专利法进行初步审查，决定授予专利权，颁发本证书并在专利登记簿上予以登记。专利权自授权公告之日起生效。

本专利的专利权期限为十年，自申请日起算。专利权人应当依照专利法及其实施细则规定缴纳年费。本专利的年费应当在每年12月31日前缴纳。未按照规定缴纳年费的，专利权自应当缴纳年费期满之日起终止。

专利证书记载专利权登记时的法律状况。专利权的转移、质押、无效、终止、恢复和专利权人的姓名或名称、国籍、地址变更等事项记载在专利登记簿上。

局长
申长雨

中华人民共和国国家知识产权局
2016年08月10日

第1页（共1页）

图3-25　“一种加强　型扭工字护面块体”专利证书

3.7.3 实用新型内容

有鉴于此,本实用新型护面块体的目的是针对上述存在问题,提供一种加强型扭工字护面块体,该护面块体结构强度高、块体间易于装配请咬合力大、稳定性高、抗波浪打击能力强,预制简单、施工方便。

为达到上述目的,本实用新型护面块体的技术方案是这样实现的:

一种加强型扭工字护面块体,包括有两根垂直异面的横杆和位于两横杆之间且与两横杆中间位置连接的竖杆,所述的两根横杆与竖杆整体呈扭"工"字形,所述横杆与竖杆连接处分别设有两对加强肋板。

进一步的,两根横杆的中心处的正反面分别设有一对凹槽,两根横轴的两端部设计成与所述凹槽匹配的凸台状结构,以实现同一列的多个护面块体通过凸台与凹槽的承插连接相互装配咬合。

再进一步,凹槽为圆形凹槽结构,凸台为圆形或锥形凸台结构。

再进一步,加强肋板为圆弧形加强肋板。

再进一步,竖杆和横杆两端均进行倒角处理。

更进一步,横杆为中间粗两端细的中心对称的柱状体结构。

相对于现有技术,本实用新型护面块体所述的加强型扭工字护面块体具有以下优势:

该护面块体采用单层规则摆放,加强肋板增加了块体的强度,克服了大体积扭工字块易于折断的缺点;横杆凹槽使得同一列的块体能够相互装配咬合,增加了块体之间的勾连性与整体性,提高了抗浪能力;横杆凹槽增加了块体孔隙率,提高了护面结构的消浪效果;该护面块体预制简单、施工方便,适用于外海港口防波堤、填海造陆围堤、人工岛护岸和快速成岛技术等承受深水大浪作用的各种防护性工程。

3.7.4 附图说明

构成本实用新型护面块体的一部分的附图用来提供对本实用新型护面块体的进一步理解,本实用新型护面块体的示意性实施例及其说明用于解释本实用新型护面块体,并不构成对本实用新型护面块体的不当限定。在附图中:

图 3-26 是本实用新型护面块体一种实施例的三维立体图;

图 3-27 是本实用新型护面块体一种实施例的正视图;

图 3-28 是本实用新型护面块体图 3-27 中 A-A 截面的剖面图;

图 3-29 是本实用新型护面块体在斜坡式防波堤的规则摆放时的使用状态的正视图。

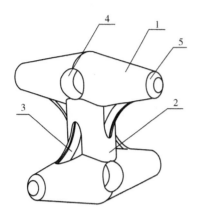

图 3-26 护面块体一种实施例的三维立体图
1-横杆;2-竖杆;3-加强肋板;4-凹槽;5-凸台

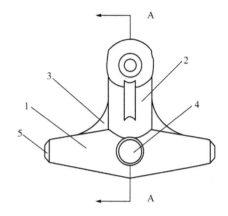

图 3-27 护面块体一种实施例的正视图
1-横杆;2-竖杆;3-加强肋板;4-凹槽;5-凸台

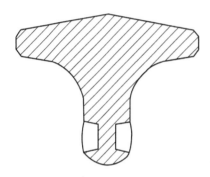

图 3-28 护面块体图 3-32 中 A-A 截面的剖面图

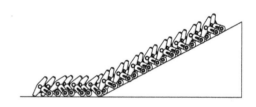

图 3-29 护面块体在斜坡式防波堤的规则摆放时的
使用状态的正视图

3.7.5 具体实施方式

需要说明的是,在不冲突的情况下,本实用新型护面块体中的实施例及实施例中的特征可以相互组合。

在本实用新型的描述中,需要理解的是,术语"中心""纵向""横向""上""下""前""后""左""右""竖直""水平""顶""底""内""外"等指示的方位或位置关系为基于附图所示的方位或位置关系,仅是为了便于描述本实用新型和简化描述,而不是指示或暗示所指的装置或元件必须具有特定的方位、以特定的方位构造和操作,因此不能理解为对本实用新型护面块体的限制。此外,术语"第一""第二"等仅用于描述目的,而不能理解为指示或暗示相对重要性或者隐含指明所指示的技术特征的数量。由此,限定有"第一""第二"等的特征可以明示或者隐含地包括一个或者更多个该特征。在本实用新型护面块体的描述中,除非另有说明,"多个"的含义是两个或两个以上。

在本实用新型护面块体的描述中,需要说明的是,除非另有明确的规定和限定,术语"安装""相连""连接"应做广义理解,例如,可以是固定连接,也可以是可拆卸连接,或一体地连接;可以是机械连接,也可以是电连接;可以是直接相连,也可以通过中间媒介间接相连,可以是两个元件内部的连通。对于本领域的普通技术人员而言,可以通过具体情况理解上述术语在本实用新型护面块体中的具体含义。

下面将参考附图并结合实施例来详细说明本实用新型护面块体。

一种加强型扭工字护面块体,如图 3-26 所示,包括有两根垂直异面的横杆 1 和位于两横杆 1 之间且与两横杆 1 中间位置连接的竖杆 2,所述的两根横杆 1 与竖杆 2 整体呈扭"工"字形,所述横杆 1 与竖杆 2 连接处分别设有两对加强肋板 3,两根横杆 1 的中心处的正反面分别设有一对凹槽 4,两根横轴的两端部设计成与所述凹槽 4 匹配的凸台状结构,以实现同一列的多个护面块体通过凸台 5 与凹槽 4 的承插连接相互装配咬合。

为了实现进一步增加了块体之间的勾连性与整体性,提高抗浪能力以及护面结构的消浪效果,作为优选方案,所述凹槽 4 设计为圆形凹槽结构,所述凸台 5 设计成与所述凹槽 4 匹配的圆形或锥形凸台结构;加强肋板为圆弧形加强肋板;同时,竖杆和横杆两端均进行倒角处理;所述横杆为中间粗两端细的中心对称的柱状体结构。

实际使用时,加强型扭工字护面块体各部分尺寸与块体体积、材料密度有固定公式关系,按照各部位的尺寸,该块体的体积 V 与竖杆长度 h 之间的关系为:$V = 0.166h^3$。

根据工程使用要求确定加强型扭工字护面块体重量,块体稳定重量采用国内外常用的美国 HUDSON 公式:

$$W = 0.1 \frac{\gamma_b H^3}{K_D \left(\dfrac{\gamma_b}{\gamma} - 1 \right)^3 \operatorname{ctg}\alpha} \tag{3-18}$$

式中:W——单个块体的稳定重量(t);

γ_b——块体材料的重度(kN/m³);

H——设计波高(m);

K_D——稳定系数；

γ——水的重度(kN/m^3)；

α——斜坡与水平面的夹角。

例如,单个块体重量 5t,块体材料混凝土密度 $2300kg/m^3$ 考虑,经计算 $h = 2.357m$,参考图 3-26~图 3-28,根据尺寸关系设计模板尺寸,进行块体预制。

所述横杆中间直径 $0.38h$(h 为块体总长度),边缘直径为 $0.16h$,竖杆直径为 $0.32h$;肋板与横、竖杆连接处长 $0.21h$,肋板为圆弧形,圆弧顶点到横、竖杆连接处断点连续的垂直距离为 $0.0775h$;圆形凹槽的直径为 $0.17h$、深 $0.125h$。

加强型扭工字护面块体预制采用定型组合钢模板,混凝土分层浇筑入模、振捣、浇筑完毕进行抹面压实。在混凝土满足拆模强度时进行拆模,然后进行养护、储存、使用。

块体安装采用定点定位随机安放工艺或是规则摆放工艺;安放时应自下而上安放,使底部块体与水下棱体紧密接触。块体安装应满足《水运工程质量检验标准》(JTS 257—2008)的有关规定,还应满足设计要求。规则安放示例如图 3-29 所示。

以上所述仅为本实用新型护面块体的较佳实施例而已,并不用以限制本实用新型护面块体,凡在本实用新型护面块体的精神和原则之内,所作的任何修改、等同替换、改进等,均应包含在本实用新型护面块体的保护范围之内。

3.8 一种坐底式可移动深水海上施工平台

3.8.1 技术领域

本发明是一种水上作业平台,适用于深水作业的坐底式可移动海上施工平台。

3.8.2 背景技术

随着船舶大型化的发展趋势,我国港口建设向着大型化、深水化迈进,其工作水域条件变得更加恶劣。由于海上风浪大,在进行防波堤建造,海岛吹填等工程的过程中,工程船极易受到风浪的影响,很难进行准确定位,使得抛填位置产生较大误差,同时工作过程中船舶受风浪的影响,会产生不稳定性,造成倾覆的危险,这为海上施工作业带来了极大的困难。

由于港口通过能力的限制,船舶需要进行排队才能进港完成装卸作业,在作业高峰期会产生船舶拥堵,有时甚至需要在港外等候几周的时间,使得船期严重延误,不仅造成了较大的经济损失,而且存在较大的安全隐患。而港外货物中转可节省时间成本,但受风浪影响,使得中转货物过程中的船舶变得不稳定,无法保证船上的人员及货物安全。

本发明一种坐底式可移动深水海上施工平台,自身具有较强的稳定性和抗倾覆能力,能够为深海施工的船舶进行稳定靠泊定位,减小风浪对作业船舶的影响,并为港外船舶货物中转提供系泊,增强稳定性,提高船舶装卸效率,节约航运成本。

3.8.3 发明内容

本发明的目的在于,提供一种坐底式可移动深水海上施工平台,具有抗倾覆能力强、结构简单、安装维护便利、可重复使用、能够为海上作业船舶提供准确定位靠泊等特点,具有重要的工程实用价值。

为了实现上述目标,采取如下的技术解决方案:

一种坐底式可移动深水海上施工平台,包括甲板、锚机、升降系统、浮力舱、固体压载舱、桩靴、立柱、靠泊护舷,其特征在于:锚机和升降系统固定在甲板上,甲板上含有贯穿上下的透水孔;四根立柱分别位于方形甲板的四个角落;浮力舱固定在四根立柱上,由四个浮力舱模块拼接而成,舱内安装压载水系统;固体压载舱由混凝土制成,由四个压载模块拼接组成,便于制件和安装,固定在浮力舱下方;桩靴分别位于四根立柱的底部,与立柱密封,可有效防止立柱沉入海底过深,对再次移动造成困难。

所述的一种坐底式可移动深水海上施工平台,其特征在于:升降系统由绞车和滑轮组组成,方形甲板沿着立柱上下移动,调节自身高度,可适应不同水深,为不同船型提供合适的靠泊高度。

所述的一种坐底式可移动深水海上施工平台,其特征在于:甲板边长 12m;立柱直径 0.6m,立柱间距和高度分别为 8m 和 14m;浮力舱边长 8m,厚度为 3.5m;压载舱边长 8m,厚度为 0.7m;桩靴直径 2.5m;平台作业水深为 8~12m。

本发明的有益效果是:①本发明所采用一种坐底式可移动深水海上施工平台为投石驳船、吹填船等进行靠泊、精确定位,并且能够随时更换作业地点,灵活度高;②本施工平台可通过升降系统调节甲板高度以适应不同水深,为不同水位下的船舶靠泊提供保障;③浮力舱和固体压载舱均采用模块化安装,便于工厂制件和现场安装,并且当出现损坏时可分块维修,易于更换;④立柱底部桩靴的设置有效地防止立柱插入海底过深,使得平台在易于移动的情况下又不失其稳定性,提高了平台的安装效率;⑤本施工平台可用于港外船舶间的货物装卸,减小风浪对装卸过程中船舶的影响,为其提供稳定的靠泊地点,使得船舶进港装卸的等候期减小,极大地提高了船舶的装卸效率,节约航运成本。

3.8.4 附图说明

图 3-30 为本发明在拖运过程中的整体结构图。

图 3-31 为本发明整体结构的侧视图。

图 3-32 为图 3-31 的 A-A 断面的剖视图。

图 3-33 为图 3-31 的 B-B 断面的剖视图。

图中,1-立柱,2-甲板,3-锚机,4-甲板升降系统,5-浮力舱,6-固体压载舱,7-桩靴,8-靠泊护舷,9-透水孔,10-拖船,11-浮力压载舱模块,12-压载泵舱,13-固体压载舱模块。

3.8.5 具体实施方式

如图 3-30 所示,当平台被拖船 10 拖运到指定位置后,浮力舱 5 通过压载泵舱 12 开始向四个压载舱模块 11 中注水,利用重力作用使得施工平台通过立柱 1 固定于海底床面,而桩靴 7 的存在可有效地防止立柱插入海底过深,固体压载舱 6 的设置使得整体结构物的浮心高度大于重心,增强了施工平台的稳定性和抗倾覆能力。

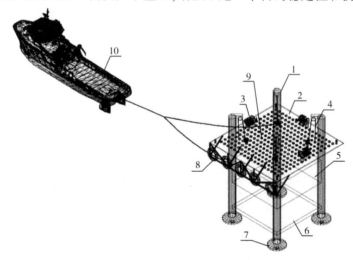

图 3-30　拖运过程中的整体结构图

1-立柱;2-甲板;3-锚机;4-甲板升降系统;5-浮力舱;6-固体压载舱;7-桩靴;8-靠泊护舷;
9-透水孔;10-拖船

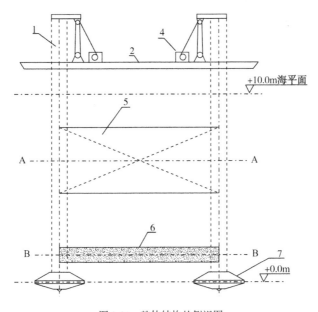

图 3-31　整体结构的侧视图

1-立柱;2-甲板;4-甲板升降系统;5-浮力舱;6-固体压载舱;7-桩靴

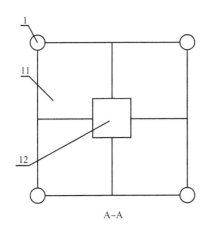

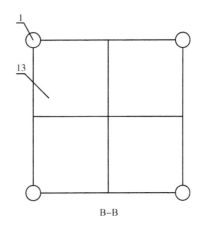

图 3-32　A-A 断面的剖视图

1-立柱;11-浮力压载舱模块;12-压载泵舱

图 3-33　B-B 断面的剖视图

1-立柱;13-固体压载舱模块

　　当施工平台固定在目标海域后,工程船可通过靠泊护舷 8 靠泊在施工平台上,减小风浪对工程船作业的影响,使其精确定位,进行水工建筑物的抛填及海岛的吹填。由于海水涨落潮的缘故，海平面在一天的不同时刻会出现升降。此时，平台甲板2通过升降系统4控制甲板沿立柱高度的变化，以适应不同的水位，使得船舶顺利进行靠泊作业。

船舶作业完成后，施工平台需要移动或前往下一个水域时，排出浮力压载舱中的水，平台利用浮力浮起，脱离海底。当移动距离较大时，可通过拖船将施工平台拖至下一水域，然后向浮力压载舱中注水，固定于海底床面；当移动距离较小时，施工平台通过锚机3利用铰链进行移动，可在作业区域进行大范围抛锚，此时不需要拖船进行拖航定位，工作快速高效。

施工平台固定在海底床面后，由于深水区域条件风浪较大，平台经常受到海浪的冲击，易于损坏。在平台甲板上开设透水孔9，波浪通过透水孔后波能得到消减，减小了风浪对平台甲板的抨击及越浪等非线性作用的影响，保障施工平台的结构安全稳定。

当遭遇航运高峰期，港口通过能力受限时，为减少船期延误，可利用该平台在港外水域进行船舶间货物的装卸和中转。将施工平台移动至港外指定海域后，压水入舱，待平台稳定后两艘船舶可同时靠泊在施工平台上进行货物的周转，有效地节省了船舶进出港的等待期和装卸时间，提高港口工作效率，节约航运成本。

本发明提出一种坐底式可移动深水海上施工平台，包括甲板、锚机、升降系统、浮力舱、固体压载舱、桩靴、立柱、靠泊护舷。将施工平台拖至指定海域后，通过压载泵舱压水入舱，重力作用下固定于海底床面。浮力压载舱和固体压载舱均采用模块化拼接，安装检修便捷。甲板的透水孔设计可减小海浪对平台的冲击，削减波浪能，维护平台结构的安全稳定。该平台可为海上抛填船舶及其他施工船的作业提供靠泊，减少风浪对抛填船舶的影响，为船舶的准确定位抛填提供保障。同时本施工平台移动灵活，可为港外货轮提供靠泊，快速完成货物的装卸及周转，减小船期延误，节约航运成本。本施工平台的发明为港口装卸效率的提升，海洋工程的建设开发提供了装备保障。

3.9 一种基于红外成像的波浪测量装置

3.9.1 技术领域

本实用新型波浪测量装置属于海洋工程试验领域，是一种基于红外成像的波浪测量装置。

3.9.2 背景技术

波浪测量装置是船舶和海洋工程实验室中必要的试验装置,常用的波浪测量装置为接触式,主要包括:电阻式波高传感器和电容式波高传感器等。此类波高传感器的基本原理是:将两根电阻或电容细丝垂直地放置在水中,细丝的底部联通,顶端分别与电源正负极连接形成回路,水位的变化会引起电路中电阻或电容的变化,通过建立水位与电阻或电容的关系,来得到测量水位值。接触式测量的主要缺点是电阻或电容容易受环境影响,测量精度不高,另外接触式的测量对试验会产生影响,且在波高较大时易损坏。

目前使用的非接触测量装置主要为超声波式、电磁波式和图像式,超声波式和电磁波式的主要原理是基于超声波和电磁波在水面的反射,通过分析反射波的特性得到水位信息。该方法的主要缺点是测量精度取决于发射器功率,有时液面会有气泡、波浪,引起反射混乱,会产生测量误差,且装置较为复杂,价格高。图像式主要通过识别自由水面的位置进行波高测量,该方法的不足之处在于,当光线较弱或黑暗条件下不能清晰地捕捉图像,影响测量的精准度。

3.9.3 发明内容

有鉴于此,本实用新型波浪测量装置旨在提出一种基于红外成像的波浪测量装置,以适用于各种光照条件下的红外成像波浪测量。

为达到上述目的,本实用新型波浪测量装置的技术方案是这样实现的:

一种基于红外成像的波浪测量装置,其特征在于:包括数据处理器、图像采集器、红外摄像机及自发热标尺;所述自发热标尺垂直设置于测量位,所述红外摄像机的摄像范围涵盖全部自发热标尺区域,所述图像采集器将所述红外摄像机反馈的数据传递给所述数据处理器。

进一步的,自发热标尺包括密封的外管及设于所述外管内腔的内加热管;外管外表面涂覆有疏水涂层,外管和内加热管之间填充有保温填料。

进一步,外管为不锈钢管或铜管。

进一步,疏水涂层由聚氨酯丙烯酸酯制成。

进一步,保温填料为陶瓷或硅土。

进一步,波浪测量装置还包括控温装置及与控温装置连接的水温传感器;控温装置控制内加热管的温度。

进一步,控温装置由外部电源供电。

进一步,自发热标尺的数量为至少一个。

进一步，数据处理器为计算机。

相对于现有技术，本实用新型装置是一种基于红外成像的波浪测量装置，其具有以下优势：

本实用新型装置是一种基于红外成像的波浪测量装置，采用红外成像技术和自发热标尺测量波浪数值，克服了光照强度对测量精度的影响，能够实现不同环境下波浪的测量，响应速度快、测量精度高，同时还具有测量范围宽的优点，既可以进行定点液位的测量也可以进行连续测量，能够同时记录下若干不同位置的波浪信息，此外，本实用新型波浪测量装置还具有造价低、安装方便、不易损坏、维修成本低的优点。

3.9.4　附图说明

构成本实用新型装置的一部分的附图用来提供对本实用新型装置的进一步理解，本实用新型装置的示意性实施例及其说明用于解释本实用新型装置，并不构成对本实用新型装置的不当限定。在附图中：

图3-34 为本实用新型装置所述波浪测量装置的结构示意图；

图3-35 为本实用新型装置所述自发热标尺的结构示意图。

附图标记说明：

1-数据处理器；2-图像采集器；3-红外摄像机；4-水槽；5-自发热标尺；6-水温传感器；7-控温装置；8-外部电源；9-内加热管；10-保温填料；11-外管；12-疏水涂层。

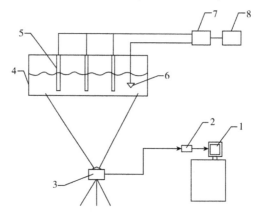

图3-34　波浪测量装置的结构示意图

1-数据处理器；2-图像采集器；3-红外摄像机；4-水槽；5-自发热标尺；6-水温传感器；

7-控温装置；8-外部电源

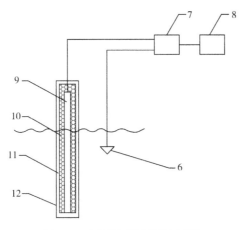

图 3-35　自发热标尺的结构示意图

6-水温传感器;7-控温装置;8-外部电源;9-内加热管;10-保温填料;11-外管;12-疏水涂层

具体实施方式:

需要说明的是,在不冲突的情况下,本实用新型装置中的实施例及实施例中的特征可以相互组合。

在本实用新型装置的描述中,需要理解的是,术语"中心""纵向""横向""上""下""前""后""左""右""竖直""水平""顶""底""内""外"等指示的方位或位置关系为基于附图所示的方位或位置关系,仅是为了便于描述本实用新型装置和简化描述,而不是指示或暗示所指的装置或元件必须具有特定的方位、以特定的方位构造和操作,因此不能理解为对本实用新型装置的限制。此外,术语"第一""第二"等仅用于描述目的,而不能理解为指示或暗示相对重要性或者隐含指明所指示的技术特征的数量。由此,限定有"第一""第二"等的特征可以明示或者隐含地包括一个或者更多个该特征。在本实用新型装置的描述中,除非另有说明,"多个"的含义是两个或两个以上。

在本实用新型装置的描述中,需要说明的是,除非另有明确的规定和限定,术语"安装""相连""连接"应做广义理解,例如,可以是固定连接,也可以是可拆卸连接,或一体地连接;可以是机械连接,也可以是电连接;可以是直接相连,也可以通过中间媒介间接相连,可以是两个元件内部的连通。对于本领域的普通技术人员而言,可以通过具体情况理解上述术语在本实用新型装置中的具体含义。

下面将参考附图并结合实施例来详细说明本实用新型装置。

如图 3-34 所示,一种基于红外成像的波浪测量装置,包括数据处理器 1、图像采集器 2、红外摄像机 3、若干个自发热标尺 5、控温装置 7、为控温装置 7 供电的外部电源8及与控温装置7连接的水温传感器6。

其中,自发热标尺5垂直设置于测量位,红外摄像机3的摄像范围涵盖全部自发热标尺5区域,图像采集器2将红外摄像机3反馈的数据传递给作为数据处理器1的计算机。

如图3-35所示,自发热标尺5包括密封的外管11及设于外管11内腔的内加热管9;外管11外表面涂覆有疏水涂层12,可以避免液体附着于外管外表面影响外管温度,进而影响红外摄像机的图像捕捉,外管11和内加热管9之间填充有保温填料10,保温填料10可以有效减缓散热速度,避免内加热管9直接接触外管11导致散热过快的情况发生,内加热管9由控温装置7控制其温度,使其保持在恒定温度,外管11可接收由内加热管9传递过来的热量,由于水温与自发热标尺5温度不同,使得外管11位于水上和水下部位的温度不同,在光线较弱或黑暗条件下,红外摄像机3可准确成像。

其中,外管11可以选择为不锈钢管或铜管,疏水涂层12选用聚氨酯丙烯酸酯材料,保温填料10可优选为陶瓷或硅土。

本实用新型波浪测量装置的工作原理如下:

红外摄像机3能够在黑暗或者弱光条件下成像,由于水和自发热标尺5的温度不同,在自发热标尺5的水上和水下连接处会形成分液面,通过图像分析该水面的相对位置,能够很容易地得到水面的高度信息,即该位置的水位值,进而通过连续测量得到波高、周期等信息。

本实用新型波浪测量装置采集波高的主要过程如下:仪器安装、高度标定、图像采集、数据处理和结果输出。

首先,在无水条件下,将三个自发热标尺5垂直设置于测量位(此处选择在水槽4中进行试验),将红外摄像机3固定在自发热标尺5对面,并对自发热标尺5的高度进行标定;在水槽4内加水至2/3高度,水槽4内设有造波装置;试验时,在无光线或较弱光线下,启动装置,红外摄像机3捕捉图像,将图像通过图像采集器2实时地传输至数据处理器1中,利用红外识别的方法自动识别波高,利用图像识别软件,分析记录相应水位信息,即可测量规则波、不规则波和孤立波等各种波浪的波高,尤其能够测量得到波浪破碎后的波高。

试验表明,测量得到的波高误差为2mm,具有良好的精度。

以上所述仅为本实用新型装置的较佳实施例而已,并不用以限制本实用新型装置,凡在本实用新型装置的精神和原则之内,所作的任何修改、等同替换、改进等,均应包含在本实用新型装置的保护范围之内。

附录1 仪器设备管理与开发

    大比尺波浪水槽建成后,为配合进行大比尺物理模型试验,先后购置了多套试验设备,具体设备名称、数量、性能情况如附表1-1所示。可满足波浪—结构物、波浪—结构物—地基、波浪—水流—泥沙以及波浪—浮体等多种类型的试验工作。

设 备 情 况 表   附表 1-1

仪器名称	数量	性能指标	图 片
电阻式波高传感器	20	量程:0~5m 精度:1mm	
电容式波高传感器	20	量程:0~2m 精度:1mm	
DS30 型点压力采集系统	148	量程:0~30MPa 精度:0.01MPa	
KD435000 型三项测力天平	5	量程:0~500N 精度:1.0mV/V	
POLHEMUS 六分量位移传感器	2	量程:0~500mm 精度:0.1mm	

续上表

仪 器 名 称	数量	性 能 指 标	图　片
TKCS2012 含沙量 在线测量仪	7	量程：0~100kg/m³ 精度：±1%FS	
ICE60825 型激光 测距仪	6	量程：0~500mm 精度：0.1mm	
HC16 型土压力传 感器	60	量程：0~200kPa 精度：±0.2%FS	
HC25 型孔压力传 感器	13	量程：0~300kPa 精度：±0.2%FS	
水下拉力传感器	24	量程：0~300kg 精度：0.01kg	
KIMO 风速仪	1	量程：0~40m/s 精度：0.3m/s	
FULKE Ti25 热能 探测仪	1	量程：20~350℃ 精度：±2℃	
TORTEK AS 声学 多普勒流速仪	6	量程：0~250cm/s 精度：0.2cm/s	

附录 2　人才队伍与制度建设

附 2.1　人才队伍

目前,大比尺波浪水槽共有研究人员 8 人,研究人员简历如下:

陈汉宝:海洋水动力研究中心主任,研究员。负责大比尺波浪水槽全面的运行管理与指导工作。科技部水路绿色建设与灾害防治国际科技合作示范基地副主任,河海大学、长沙理工大学客座教授。近 5 年主持完成了国家"863"项目、交通运输部科技项目、交通运输部标准规范制订等百余项水运工程科研课题。在水动力数值模拟技术方面有许多技术突破,是国内第一套自主产权的海洋环境水动力多功能软件包 TK-2D 的波浪模块第一开发人。获国家科技进步二等奖 1 项,天津市科技进步奖 4 项,交通运输部科技进步奖 1 项,航海科技奖 4 项。完成标准规程 9 部,科研技术报告 200 余篇,论文 20 余篇。主持或参与的代表性相关项目:国家重点研发专项《泻湖水体交换与水质保障技术研究》;国家自然科学基金《底栖动物扰动下港口海域沉积物中石油污染物生物降解机制研究》;科技部国际科技合作项目《港湾突发性溢油应急及生态修复技术合作研发》;企业科研项目《迪拜哈翔电厂海洋环境水动力模拟与监测技术研究》。

耿宝磊:海洋水动力研究中心副主任,副研究员,天津市创新人才推进计划青年科技优秀人才,澳大利亚西悉尼大学访问学者。协助中心主任负责大比尺波浪水槽的运行及科研创新工作。主要研究方向为波浪理论及波浪与结构物作用等。参加工作至今先后主持和参与基础科研项目近 20 项,包括国家自然科学基金、国家重点研发计划、天津市自然科学基金,交通部应用基础研究项目和科技重大专项等;负责和参与国内外水运及交通类横向委托项目近 50 项,涉及工程区域包括国内主要港口及印度尼西亚、马来西亚等国家。研究成果发表学术论文 20 余篇,其中 SCI 检索论文 3 篇,EI 检索论文 7 篇;发表专利 3 项,软件著作权 5 项;获中国水运协会二等奖 1 项(排名 5),三等奖 2 项(排名 7);科技论文获省部级一等奖 1 项。

主持的部分项目包括：国家自然科学基金《斜坡堤越浪标准与比尺效应研究》、交通运输部应用基础研究项目《基于 VOF 方法和 GPU 并行计算的三维数值波浪水槽研究》、天津市应用基础与前沿技术研究计划《港口护岸越浪模拟与越浪标准初探》。

陈松贵：大比尺波浪水槽主任，副研究员，主要负责水槽日常试验与管理工作。主要研究方向为岛礁水动力、波浪-建筑物相互作用等。参加工作以来，承担了中央级公益性科研院所基本科研业务费《岛缘陡变地形与极浅水波浪冲击作用机理研究》和《某岛护岸工程越浪量及稳定性研究》等项目，利用天科院大比尺波浪水槽，对波浪在陡变地形上的传播变形规律进行了研究，研究成果得到了相关设计部门的采纳。目前，作为天科院负责人承担了国家重点研发项目《波浪、地震作用下岛礁安全性评估》波浪专题的研究工作。研究成果主要包括：发表论文 20 余篇，其中 SCI 检索 4 篇，EI 检索 4 篇；获得发明专利 1 项，实用新型专利 8 项；获得水运建设协会科技进步二等奖和三等奖各 1 项。

有川太郎（执行主任）：大比尺波浪水槽执行主任，主要负责水槽国际化与数值水槽开发工作。现为日本中央大学理工学院教授。担任过日本港湾空港技术研究所（PARI）海岸与海洋工程研究室主任，日本海事，港口和航空技术研究所（MPAT）和日本港湾空港技术研究所（PARI）访问高级研究员，日本海洋地球科学技术委员会（JAMSTEC）主任技术科学家。主要研究领域为波浪荷载、海啸波和极端水动力环境作用与近岸结构物和地基的数值模拟和物理模型试验研究。

金瑞佳：大比尺波浪水槽科研工作人员，助理研究员，主要负责水槽的物理模型试验（浮体部分）工作。主要研究方向为波浪-浮体相互作用等。参加工作以来，承担了中央级公益性科研院所基本科研业务费《系泊浮体在局部地形下的慢漂运动研究》和大连理工大学海岸与近海工程国家重点实验室开放基金《双向双色波作用下系泊平台大幅慢漂运动的运动轨迹分析》等项目，利用天科院大比尺波浪水槽，对台风工况下的浮式网箱和"万山号"波浪能转换装置的运动响应，系缆张力，表面压强进行了研究，研究成果受到了业主单位的一致好评。研究成果主要包括：发表论文 10 余篇，其中 SCI 检索 4 篇，EI 检索 7 篇。

彭程：大比尺波浪水槽科研工作人员，助理研究员，主要从事近海和离岸工程水动力及波浪与海上建筑物相互作用研究。主要负责水槽模型试验和仪器设备管理维护工作。负责和参与中国、韩国、巴基斯坦、印度尼西亚、以色列、阿拉伯联合酋长国等国内外港口海岸工程项目波浪、潮流、泥沙的物理模型和数学模型试验研究工作 40 余项。参加交通运输部应用基础研究项目《基于 VOF 方法和 GPU 并行计算的三维数值波浪水槽研究》、中央级公益性科研院所基本科研业务费《交通离岸工程模拟水池主要设施建设工艺及方案论证优化研究》研究工作。发表学术论文5篇。

于长一：大比尺波浪水槽科研工作人员，助理研究员，主要负责大水槽数值模拟相关工作。主要研究方向为流体固体相互作用、固体材料裂纹扩展、随机材料等数值模拟。主要研究成果：SCI检索2篇，EI检索1篇。

王依娜：大比尺波浪水槽科研工作人员，助理工程师，主要负责大水槽接待与宣传工作以及协助水槽主任进行实习生的管理工作。自大比尺波浪水槽建立以来，进行了100余次，1700余人的接待讲解工作，参与了《水晶湖水质测试试验研究》《海上溢油围油栏性能检测及设计优化技术研究》等7项大水槽试验研究，协助开发了全球风浪数据库系统以及大比尺波浪水槽视频实时波高采集系统，获专利1项，发表论文3篇。

附2.2 制度建设

附2.2.1 大比尺波浪水槽工作日志

通过每日记录大水槽的签到、试验、施工接待、仪器、卫生以及安全检查等情况，使每日大水槽的运转情况一目了然，用来规范和管理大比尺波浪水槽。工作日志模板见附表2-1。

工作日志模板   附表2-1

水槽工作人员	姓　名	工　作　内　容		

试验	项目名称	负责人	参与人	仪器使用/布置情况	试验工作内容	试验组次		
						水深	波浪	流速

施工	项目名称	施工负责人	施工人数	施工内容

参观接待	参观日期	参观人数	参观人员	带领人员	讲解时长	主要照片（领导合影）

续上表

卫生情况—打扫情况	

仪器	借出情况	入库	维修维护	故障情况

水槽运行情况	试验前水位	
（主要漏水）	试验后水位	
造波机运行情况（运行时间）		

大水槽每日安全检查		
王依娜	中控室,一二楼办公室	
李明	室外	

附2.2.2　大比尺波浪水槽试验技术人员安全规程

一、总则

1　本安全规程技术人员包括在大比尺波浪水槽进行试验研究的技术人员。

2　试验技术员对现场施工安全作业负有监督、管理责任,并严格听从大比尺波浪水槽实验室主任(执行主任)和水槽管理人员的指令。

3　严禁随意处置堆放试验的各项资料档案,试验结束后相关资料及时归档。

二、试验前安全须知

4　试验进场前,技术人员首先与大比尺波浪水槽实验室主任(执行主任)和水槽管理人员联系,确定使用大水槽的周期和施工周期;确定试验水深和试验组次;确定需要使用的仪器设备等。

5　进入试验区域必须佩戴黄色安全帽。

6　工作时间着装大方、得体、整洁;不在办公室以外场所赤脚、穿拖鞋;举止文明,精神饱满,注意力集中。

7　使用仪器设备要登记,用毕要检查仪器设备并确认完好后方可离开。要熟悉并掌握消防器材的特点及使用方法。

三、实验安全须知

8　天车、移动台车设有专人管理,未经许可不能擅自使用,以免发生危险。

9　接待客人要在指定区域,不得影响他人,并保证安全。

10 勤俭节约,照明光源不需要时及时关掉、不需要工作的计算机及时关掉。

四、环境卫生

11 注意大厅卫生,及时打扫,不要出现卫生死角,试验工作完毕后,对试验大厅仪器进行清理工作,对产生的物料进行分类放置,并统一处理。

附2.2.3 大比尺波浪水槽施工人员安全规程

一、总则

1 本安全规程施工人员包括在天科院大比尺波浪水槽实验厅内进行施工的所有人员或队伍。

2 严格听从大比尺水槽实验室主任(执行主任)、实验室管理人员的指令。

二、施工前准备

3 进场施工前,施工队伍与项目负责人和大比尺水槽实验室主任(执行主任)明确好施工方案及施工人数、时间;施工人员每天施工前与项目负责人和实验室管理人员明确施工内容、要求,确定身体状况和安全注意事项。

4 施工人员应举止文明,着装得体、整洁,不允许赤脚、穿拖鞋或高跟鞋等。

5 施工人员进入大厅必须按规定佩戴白色安全帽。

6 未经许可的施工人员不得进入实验大厅,严禁进行施工作业。

7 依据工作需要穿戴其他劳动保护服装,比如工作时必须要戴手套。

8 易燃、易爆物品设专人管理,固定地点存放。

9 施工人员要熟悉并掌握消防器材的特点及使用方法。

10 施工前对电线、插头等进行检查。工作完毕或无人看管时,要及时切断电源。

三、施工作业安全规定

11 严禁串岗聊天、大声喧哗、吹口哨等。

12 施工作业时间内严禁瞌睡、吸烟和酒后作业。

13 在施工期间要将试验段的防滑垫收起,施工后再铺好。

14 禁止使用个人设备在施工现场拍照录像等。

15 试验大厅内不得进行与模型试验无关的其他工作。

16 严禁在大厅内私自连电源。

17 不要擅自进入非施工区域及中央控制室,施工完毕后尽快离开现场。

18 施工时未经允许严禁对水槽主体进行破坏性施工,如打孔开槽等。

19　悬于水槽中的支架,必须通过安全绳固定在水槽上方。

四、施工环境保持

20　建造模型时划分好建造区域,控制好污染物的扩散,并合理安排高噪声、起粉尘施工时段。

附2.2.4　大比尺波浪水槽仪器设备管理规程

一、总则

1　大比尺波浪水槽实验室设专人管理和维护仪器设备,仪器管理员由大比尺波浪水槽实验室主任指定。

二、仪器管理员岗位职责

2　负责设备的验收并填写验收记录单并存档。

3　建立仪器设备管理台账并每年向实验室主任提交。

4　负责完成设备的借用(填写出入库记录表),每年装订成册并存档。

5　负责仪器设备的维护、维修和提出相关建议,并填写大型仪器设备维修记录表。

6　负责仪器室的卫生、安全、日常管理工作,保持整洁有序。

三、仪器借用管理规定

7　项目组人员到仪器室领用仪器设备并列具清单,并报大比尺波浪水槽实验室主任(执行主任)。领用时,领用者与仪器管理员认真检查仪器设备是否良好,包括目视外表有无损伤,配件是否齐全,并通电测试性能。确认后方可出库,并做好登记,双方签字。

8　仪器出库后,由项目组负责仪器的正常使用和保养。入库时,项目组人员要保证仪器的完好无损和外表洁净。对于仪器的故障、损坏,项目组要声明并填写相应表格记录。

9　入库时,使用者和仪器管理员要对仪器进行检查测试,确定仪器是否齐全,性能是否良好,做完记录后方可入库。

10　外单位借用设备需经实验室主任同意,并做好登记方可借出。

四、仪器日常管理规定

11　使用者在使用完仪器后,应确保仪器和仪器箱的整洁,否则检查检定时仪器室有权退回使用者,直到清洁干净为止。

12　仪器管理员要定期对仪器设备进行检验,做到月检、季检、年检,以便了解仪器良好程度,并列表造册做好记录。

附2.2.5 大比尺波浪水槽天车操作规程

1 天车设专人操作,他人严禁擅自使用。

2 天车操作人员经大比尺波浪水槽实验室主任考核认定。

3 天车遥控器由专门操作人员保管,背面注明操作人员姓名。

4 天车操作人员对天车的正常、安全使用负责,并填写使用日志。

5 天车操作人员必须熟知每一个操作按钮的作用、各种安全装置的作用和吊装物体正确的吊挂、捆绑方式。

6 工作前应检查天车,吊具(如吊钩,吊环,钢丝绳等)是否安全可靠,无问题时方可使用。

7 天车和吊具严禁超负荷使用。

8 吊运的物体必须吊挂牢固平稳后吊起。吊运时禁止同时使用两个以上的动作或斜拉,斜拽。物体旋转时,必须平稳后方可松钩。

9 吊运物体的高度必须高出运行路线上所遇的所有物体,不能从人员上方通过。

10 禁止用吊钩吊人或人乘坐在吊装的物体上。

11 两人共同吊运物体时,动作必须协调一致,操作开关的人员,应听从挂钩人员的指挥。

12 操作人员在吊运工作时,应精神集中,不得与别人闲谈。

13 捆绑、吊运具有尖锐边缘的物体时,需用木板等软料垫好,防止钢丝绳破损。

14 工作结束后应将天车开回停放处,将吊钩升至一定的高度,并切断电源。

15 建立维修与保养档案,明确保养周期、及时保养,与维修单位和技术人员坚持联系。

附2.2.6 大比尺波浪水槽移动台车操作规程

1 移动台车为非标设备,严格管理。

2 移动台车设专人操作,未经许可任何人不能擅自使用。

3 操作人员由实验室主任考核认定。

4 遥控器由操作人员保管,后附操作人员姓名。

5 台车搭载人员必须严格听从操作人员指令。

6 操作人员在每天使用前必须检查台车各部件完好无故障后,方可进行操作。

7 确认升降台的负载不要超过设备允许的载重极限。

8 升降台车时不要同时前后移动，注意：低速安全行驶。

9 升降及前后运动台车时，下方严禁站人。

10 操作人员在吊运工作时，应精神集中，不得与别人闲谈。

11 严禁与试验无关人员搭载台车、谢绝参观人员搭载。

12 长发（无保护措施）、高跟鞋以及不良身体状况等情况，不得搭载台车。

13 建立维修与保养档案，明确保养周期、及时保养，与维修单位和技术人员坚持联系。

附2.2.7 大比尺波浪水槽摄像监控系统操作管理规程

大比尺波浪水槽摄像监控系统分为安全监控和试验监控两部分。安全监控系统为固定摄像，试验监控依据试验进行调整。其操作管理规程分别如下：

一、安全监控系统

监控系统的维护与调试检修由专门的技术人员负责，该技术人员必须经过技术培训、懂得设备的工作原理、结构、日常维护，能熟练操作。

监控系统必须保持 24 小时正常运转状态。

监控系统的操作由专门的操作人员进行，可根据实际情况对监控系统进行操作，当发现问题及时解决，如设备发生故障及时报修。

操作人员未经许可不得随意修改各设备体统的参数设置，不得下载和删减硬盘数据。

操作人员试验前，调整好各摄像头方位，确保能够记录整个模型制作过程，模型制作完成后，在大比尺波浪水槽试验负责人的指令下，操作人员需及时下载视频归档。

操作人员重新启动前确定线路连接是否正常，供电系统是否完好；检查附件是否完好无缺；每日检查摄像头是否损坏、有无遮挡物、有无遗失。

操作人员保持监控设备、操作平台的卫生。

操作人员禁止随意挪动相关设备，避免损坏设备。

每年进行一次检修、保养、清洗、及其他必要功能测试，合格后方可使用，不合格不可以安装使用。

二、试验监控系统

大比尺波浪水槽设专门的试验监控系统安装与操作人员，根据试验需要安装架设监控设备。

操作人员启动前确定线路连接是否正常,供电系统是否完好;检查附件是否完好无缺;每日检查摄像头是否损坏、有无遮挡物、有无遗失。

试验中保护摄像头不可被水浸泡、不可受外力冲击等。

每天试验结束后,及时下载和保存相关视频。

试验后及时收回摄像头,检查无损后将整套设备交专人保管。

设专门日志对试验及其记录的文件进行备案。

附2.2.8　大比尺波浪水槽造波机管理规程

一、总则

1　大比尺波浪水槽造波机是重大设备,并易引起安全风险,设专人管理和专人操作,未经大比尺波浪水槽实验室主任许可任何人不能擅自使用,开放参观需报大比尺波浪水槽实验室主任(执行主任)许可。

2　由造波机制造单位提供造波机使用操作手册,实验室设专门人员进行操作,制造单位对人员进行使用培训、考核,考核合格人员经实验室主任指定成为专门操作人员。

3　由造波机制造单位提供造波机维护保养手册,实验室设专门人员进行维护保养,制造单位对人员进行使用培训、考核,考核合格人员经实验室主任指定成为专门管理人员。

二、造波机管理规程

4　管理人员负责按照维护保养手册按时进行造波机的维护保养,并填写保养记录,在造波机现场标明管理人员姓名。

5　管理人员在工作日和造波机使用日早上(造波机使用前),对造波机外观及其工作环境进行检查,并做好记录,出现异常情况,立即报实验室主任(执行主任)。

6　管理人员应保持造波机厅、电力控制室及附近室内干净整洁。

7　管理人员与操作人员一起建立造波机使用记录,记录造波机每次工作时间及其参数,对使用过程中的异常情况要进行记录并及时上报实验室主任。

8　管理人员在造波机工作时应监守造波机运行状态,并与操作人员保持通信畅通。

三、造波机操作规程

9　操作人员负责造波机的上电、造波和关电操作,严禁他人替代,在电力控制室和中控室标明造波机操作人员姓名。

10 造波机控制计算机设密码,并保证只有操作人员和实验室主任(执行主任)知悉密码,严禁控制计算机进行与造波机控制无关的操作与使用。

11 结合造波机制造单位和使用经验在控制计算机右上方张贴造波机故障与误操作应急办法。

12 操作人员操作造波机只听从实验室主任(执行主任)的指令。

13 操作人员对每次输入进行详细记录,运行前检查屏幕和记录,通知造波机管理人员并保证到位后,确认运行。

14 造波时同步观察造波机水槽波浪情况,如发生意外及时停机。

15 操作人员保证控制台及附近卫生,严禁在控制台上放置饮料、食物等物品。

16 操作人员保留造波机制造与维修单位及人员联系方式,并坚持保持联系。

附2.2.9 大比尺波浪水槽造流系统管理规程

一、总则

1 大比尺波浪水槽造流系统是重大设备,并易引起安全风险,设专人管理和操作,未经大比尺波浪水槽实验室主任许可任何人不能擅自使用,造流系统不对外开放参观。

2 实验室设专门人员进行维护保养和使用操作,制造单位对人员进行使用培训、考核,考核合格人员经实验室主任指定成为专门管理操作人员。

二、造流系统管理规程

3 管理操作人员负责按照维护保养与操作手册按时进行造流系统的维护保养,并填写保养记录,在造流系统现场标明管理操作人员姓名。

4 管理操作人员在工作日和造流系统使用日早上,对泵、阀和控制器外观及其工作环境进行检查,并做好记录,出现异常情况,立即报实验室主任(执行主任)。

5 管理操作人员应保持泵房及电力控制室及附近室内干净整洁,并检查管路的漏水情况,记录水槽的水位变化。

6 管理操作人员建立造流系统使用记录,记录造流系统每次工作时间及其参数,对使用过程中的异常情况要进行记录并及时上报实验室主任。

7 管理操作人员在造流系统工作时应通过安全监控系统观察泵房情况。

三、造流系统操作规程

8 管理操作人员负责造流系统的上电、造波和关电操作,严禁他人替代,在电力控制室和中控室标明造流系统管理操作人员姓名。

9 在使用造流泵之前必须将所要使用水泵两侧的阀门打开。

10 当出现突发意外时,应快速按下界面右上角的急停按钮,所有操作便会立即停止。停止后将设备电源立即断电,请专业人员排查故障。

11 管理操作人员在操作时,应精神集中,不得与别人闲谈。

12 工作结束后应先将手动控制系统关闭,再关闭远程控制系统,切断电源后方可离开。

13 造流系统设开关限制,并保证只有操作人员和实验室主任才能解锁操作。

14 结合造流系统制造单位和使用经验在中控室张贴造流系统故障与误操作应急办法。

15 管理操作人员操作造流系统只听从实验室主任(执行主任)的指令。

16 管理操作人员对每次输入进行详细记录,运行前检查输入,查看安全监控,确认后运行。

附录 3　宣传与接待工作

附 3.1　宣传板制作

在 2016 年大比尺波浪水槽实验室摄影墙建设完成,见附图 3-1,右侧的十个相框中展示了大比尺波浪水槽的建设历程和主要成果,用来合影和参观展示。

附图 3-1　大比尺波浪水槽实验室摄影墙

附 3.2　宣传册制作

大比尺波浪水槽建成以来,为了对其进行宣传,提高大比尺波浪水槽在国际上的影响力,先后出版了 2016 年、2017 年两版大水槽宣传册,见附图 3-2~附图 3-11。

地址:中国天津滨海新区临港经济区渤海十二南路1739号
通讯地址:中国天津滨海新区新港二号路2618号
邮政编码:300456
电话:13602104158 +8622 59812345
传真:+8622 59812345
网址:www.tlwte.ac.cn
ADD:No.1739,Bohai 12 South Road, Lingang Econorric Area,
    Binhai New Area,Tianjin,P.R.China
Mailing Address:No.2618,Xin Gang2 Hao Road,
    Binnai New Area,Tianjin, P.R.China
P.C:300456
TEL:13602104158 +8622 59812345
FAX:+8622 59812345
WEB:www.tlwte.ac.cn

附图 3-2　第一版宣传册 1

ABOUT

International Science and Technology Cooperation Base on
Waterway Econstruction and Disaster Mitigation

国际科技合作基地

附图 3-3　第一版宣传册 2

141

附图 3-4　第一版宣传册 3

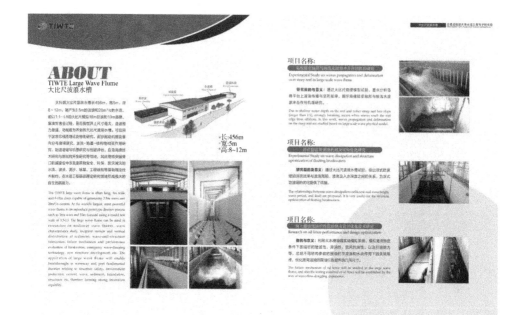

附图 3-5　第一版宣传册 4

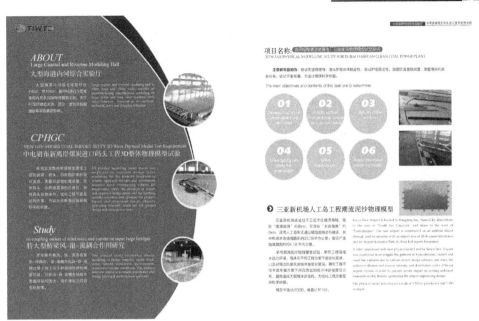

附图 3-6 第一版宣传册 5

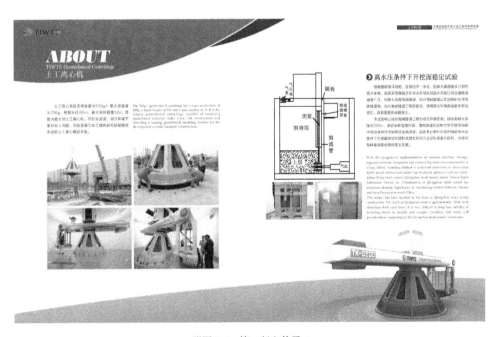

附图 3-7 第一版宣传册 6

附图 3-8　第一版宣传册 7

附图 3-9　第一版宣传册 8

附图 3-10　2017 年新版大比尺波浪水槽宣传册 A

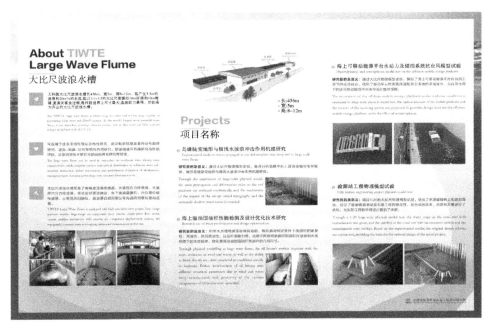

附图 3-11　2017 年新版大比尺波浪水槽宣传册 B

附3.3 接待工作

2016年5月至2017年12月讲解接待近100次,参观人数近1500人次。来参观的重要领导有交通运输部李小鹏部长、党组成员李建波、科技司副司长洪晓枫、处长宫生晨、交通运输部公路院张劲泉院长、安监局原总监成平、水运局局长李天碧、科技司副司长袁鹏、计量司司长等。还承接了各大高校学生的学习和参观活动。

以下是部分参观讲解的照片(附图3-12~附图3-24)。

附图3-12 2016年9月21日德国汉诺威大学来访

附图3-13 2016年7月9日交通运输部何建中副部长赴临港基地

附图 3-14 2016 年 9 月 27 日小外高中生学习参观

附图 3-15 2016 年 10 月 21 日主任联席会

附图 3-16 2016 年 10 月 22 日交通运输部科技司袁鹏司长视察工作

附图 3-17　2016 年 10 月 22 日泰国电视台来访

附图 3-18　2016 年 10 月 25 日交通运输部安监局原安全总监成平、水运局局长李碧天视察工作

附图 3-19　2016 年 12 月 2 日交通运输部公路科学研究院张劲泉院长参观

附图3-20　2016年12月13日交通运输部党组李建波一行莅临指导

附图3-21　2017年12月14日中交二航院来访

附图3-22　2017年11月7日泰达二中210名初一学生参观

附图 3-23　2017 年 9 月 20 日卡迪夫大学潘顺祺教授、鲁东大学尤再进教授

附图 3-24　2017 年 8 月 18 日清华大学学生参观学习